"十四五"职业教育国家规划教材
"十四五"职业教育山东省规划教材

物联网单片机应用技术

主　编　崔西展　王国明
副主编　蒋松德　高　祥
参　编　吴振伟　范曙光　张艳兵
　　　　孙　旭

北京理工大学出版社
BEIJING INSTITUTE OF TECHNOLOGY PRESS

内 容 简 介

本书采用项目式教学的体系结构编写完成,全书共有九个项目,以项目引领、任务驱动的方式,详细介绍了初识单片机、CC2530单片机程序编写与调试、CC2530单片机I/O端口应用(LED流水灯、按键控制LED灯)、CC2530单片机外中断应用(人体红外感应控制系统)、CC2530单片机定时/计数器的应用(智能路灯控制)、CC2530单片机串口应用(社区安防系统)、CC2530单片机A/D转换应用(智能光控系统)、CC2530单片机无线通信应用(无线数据采集与控制)等内容。通过对这些项目的学习,学生可以掌握物联网单片机应用的相关知识,学会CC2530单片机的基本编程方法。为方便教师授课、学生自学,本教材配套有电子教案、多媒体课件、微课、技术资料和相关软件等教学资源。

本书可以作为职业院校物联网应用技术、电子信息技术、应用电子技术等相关专业的实训教学用书,也可以作为"1+X"传感网应用开发(初级)职业技能等级考试培训教材。

版权专有　侵权必究

图书在版编目(CIP)数据

物联网单片机应用技术 / 崔西展,王国明主编. --北京:北京理工大学出版社,2021.9(2023.11重印)
ISBN 978 - 7 - 5763 - 0363 - 6

Ⅰ.①物… Ⅱ.①崔…②王… Ⅲ.①单片微型计算机 - 高等职业教育 - 教材 Ⅳ.① TP368.1

中国版本图书馆 CIP 数据核字(2021)第 188973 号

责任编辑:陆世立		**文案编辑**:陆世立	
责任校对:周瑞红		**责任印制**:边心超	

出版发行 /	北京理工大学出版社有限责任公司
社　　址 /	北京市丰台区四合庄路6号
邮　　编 /	100070
电　　话 /	(010)68914026(教材售后服务热线)
	(010)68944437(课件售后服务热线)
网　　址 /	http://www.bitpress.com.cn

版 印 次 /	2023年11月第1版第2次印刷
印　　刷 /	定州启航印刷有限公司
开　　本 /	889mm×1194mm　1/16
印　　张 /	14
字　　数 /	281千字
定　　价 /	39.00元

图书出现印装质量问题,请拨打售后服务热线,负责调换

前言

为进一步贯彻落实党的二十大报告提出"坚持为党育人、为国育才，全面提高人才自主培养质量，办好人民满意的教育，推进产教融合和科教融汇，优化职业教育类型定位"的会议精神和"三教改革"基本要求，遵循"以服务为宗旨，以就业为导向，以能力为本位，以质量为重点"的职业教育办学指导思想，由物联网行业、企业专家和职业教育专家共同成立了物联网系列教材编写组。本编写组致力于开发一套具有现代学徒制特色的项目化教材，多次组织召开项目课程开发分析会，归纳出物联网专业岗位群，分析典型工作任务和相关岗位技能要求。校企紧密配合、分工合作编写出了一套项目课程职业教育教材。本教材采用了"教学做评一体化"的项目教学模式，体现了企业岗位技能训练的基本要求，其中的实训项目能够重现企业岗位的工作流程，是现代学徒制项目课程的结晶。

本书是职业院校物联网应用技术相关专业核心课程教材，书证融通，涵盖了"1+X"传感网应用开发（初级）职业技能等级考试的重点内容。本书既能体现企业发展对物联网人才的需求，又符合职业院校学生的学情实际，采用小项目分步递进的行动导向教学方法，能激发学生的学习兴趣，突出了学生动手能力和创新能力的培养，弘扬了劳动精神、奋斗精神、奉献精神、创造精神和勤俭节约精神。

通过对本书的学习，学生可以掌握以下知识和技能：

（1）能够读懂 CC2530 单片机电路原理图；

（2）能使用 IAR 软件编写简单的 C 语言程序；

（3）会下载和调试程序；

（4）能对 I/O 端口进行读写操作；

（5）掌握按键编程方法，能编写按键处理程序；

（6）掌握定时/计数器的工作原理，能编写定时和计数程序；

（7）掌握外中断的编程方法，能编写出中断初始化程序和外中断服务函数；

（8）会编写简单的串口通信程序，能完成串口数据的收发；

（9）会编写 A/D 转换程序，采集物联网传感器数据；

（10）会编写点对点无线通信程序，能完成数据的无线收发。

本书采用项目式课程体系编排，首先介绍项目典型应用场景，以此激发学生的学习兴趣。每个项目包含若干任务，按照如下体例编写。

（1）相关知识：相关知识包括 C 语言编程基础知识、单片机的基本结构和工作原理。

（2）项目任务：各任务包括任务描述、任务分析和任务实施 3 部分。

（3）项目小结：梳理本项目中的知识点和技能点。

（4）项目评价：采用过程性评价，客观评价学生的职业素养和职业技能的掌握情况。

（5）习题：每个项目后面附有一定数量的练习题，以检验学生的知识和技能水平。

本书建议总学时为 64 学时（纯授课课时），具体课时分配如下。

项目名称	理论课时	实践课时	总课时
项目一　初识单片机	4		4
项目二　CC2530 单片机程序编写与调试	2	4	6
项目三　LED 流水灯 ——CC2530 单片机 I/O 端口应用 1	4	6	10
项目四　按键控制 LED 灯 ——CC2530 单片机 I/O 端口应用 2	2	6	8
项目五　人体红外感应控制系统 ——CC2530 单片机外中断应用	2	6	8
项目六　智能路灯控制 ——CC2530 单片机定时/计数器的应用	2	6	8
项目七　社区安防系统 ——CC2530 单片机串口应用	2	6	8
项目八　智能光控系统 ——CC2530 单片机 A/D 转换应用	2	4	6
项目九　无线数据采集与控制 ——CC2530 单片机无线通信应用	2	4	6
合计	22	42	64

为方便教师授课、学生线上自学，本教材配套有电子教案、多媒体课件、微课和技术资料等教学资源。授课时建议教师采用理论实践一体化的教学模式，采用情景教学法、任务驱动和项目教学法，将相关知识点融入每一个具体的项目和任务中。

本教材由青岛电子学校崔西展和王国明任主编，崔西展编写项目一、项目二和项目三，王国明编写项目四、项目五和项目六；青岛电子学校蒋松德和高祥任副主编，蒋松德编写了项目七，高祥编写了项目八；青岛电子学校范曙光、青岛电子学校吴振伟、胶州职教中心张艳兵、北京新大陆时代教育科技有限公司孙旭参编，范曙光编写项目九，吴振伟、张艳兵负责本教材程序调试工作，孙旭负责相关资料搜集整理工作，王国明负责本教材的统稿和校对工作。

本教材编写过程中，得到了北京新大陆时代教育科技有限公司的大力协助，在此表示感谢！

由于编写时间仓促，难免存在错漏之处，欢迎老师和同学们批评指正。

编　者

目录

项目一　初识单片机 ··· 1
任务一　了解单片机的发展历史 ··· 7
任务二　了解物联网单片机的应用 ··· 12

项目二　CC2530 单片机程序编写与调试 ·· 15
任务一　认识 CC2530 单片机最小系统 ·· 21
任务二　单片机程序下载 ·· 22
任务三　程序编写与调试 ·· 24

项目三　LED 流水灯——CC2530 单片机 I/O 端口应用 1 ································· 37
任务一　两个 LED 彩灯闪烁 ·· 43
任务二　四个彩灯同时闪烁 ··· 48
任务三　LED 交替闪烁 ·· 49
任务四　LED 呼吸灯 ··· 52

项目四　按键控制 LED 灯——CC2530 单片机 I/O 端口应用 2 ···························· 58
任务一　按键控制 LED 灯 ··· 66
任务二　按键控制两个 LED 交替点亮 ·· 70
任务三　按键控制两位二进制减法计数器 ·· 72

项目五　人体红外感应控制系统——CC2530 单片机外中断应用 ·························· 77
任务一　用外中断实现按键控制 LED 灯 ··· 87
任务二　外中断控制 LED 灯依次点亮 ·· 89
任务三　外中断方式按键控制 LED 灯的亮度 ·· 94

  任务四 人体红外传感器控制浴室内的 LED 灯 ················· 98

项目六 智能路灯控制——CC2530 单片机定时/计数器的应用 ············· 105
  任务一 定时器控制 LED 灯秒闪 ·························· 110
  任务二 LED 灯周期性闪烁 ····························· 117
  任务三 用定时器 1 控制流水灯 ·························· 120
  任务四 利用定时器和外中断实现智能家居控制 ················ 124

项目七 社区安防系统——CC2530 单片机串口应用 ················ 135
  任务一 串口向上位机发送数据 ·························· 146
  任务二 串口接收上位机控制指令 ························ 154
  任务三 上位机与串口双向通信 ·························· 158

项目八 智能光控系统——CC2530 单片机 A/D 转换应用 ············· 165
  任务一 光照传感器数据采集 ···························· 180
  任务二 测温并利用串口上传温度数据 ····················· 189

项目九 无线数据采集与控制——CC2530 单片机无线通信应用 ·········· 197
  任务一 双机无线通信 ································ 202
  任务二 无线光控跑马灯 ······························ 208

参考文献 ·· 216

项目一 初识单片机

项目描述

　　本项目的主要任务是了解单片机的发展历史，认识常用单片机的结构和分类，掌握与单片机编程有关的数的表示方法、进制和进制转换方法。

学习目标

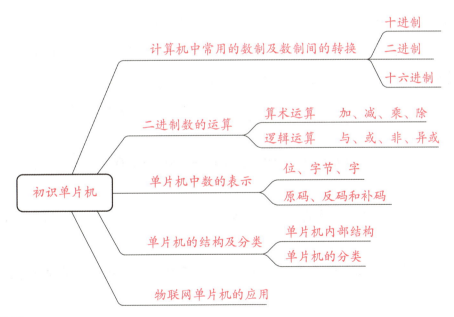

【知识目标】

1）了解单片机的结构及分类。
2）掌握常用的数制及数制的转换方法。
3）掌握二进制数的运算方法。
4）了解单片机中数的表示。

【技能目标】

能熟练完成二进制数、十进制数和十六进制数的转换。

【素养目标】

培养爱国主义精神。

设备及材料准备

单片机芯片 AT89C51、AT90S8515、STM32F103、CC2530-F256、MPS430F16x、PIC16F882 各一块。

相关知识

一、计算机中常用的数制

微型计算机中常用的数制有 3 种,即十进制、二进制和十六进制。数学中把计数制中所用到的数码符号的个数称为基数。

1. 十进制数

十进制数是我们最熟悉的一种进位计数制,其主要特点是:

1)由 0、1、2、3、4、5、6、7、8、9 十个数码符号构成,基数为 10;

2)进位规则是"逢十进一",一般在数的后面加字母 D 表示这个数是十进制数。

对于任意的 4 位十进制数,可以写成如下形式:

$$D_3D_2D_1D_0 = D_3\times10^3+D_2\times10^2+D_1\times10^1+D_0\times10^0$$

例如:

$$1234D = 1\times10^3+2\times10^2+3\times10^1+4\times10^0$$

2. 二进制数

二进制数是计算机内的基本计数制,在电路中高电平用"1"表示,低电平用"0"表示,其主要特点是:

1)二进制数都只由 0 和 1 两个数码符号组成,基数是 2,分别用来表示数字电路中的低电平和高电平;

2)进位规则是"逢二进一",一般在数的后面加字母 B 表示这个数是二进制数。

对于任意的 4 位二进制数,可以写成如下形式:

$$B_3B_2B_1B_0 = B_3\times2^3+B_2\times2^2+B_1\times2^1+B_0\times2^0$$

例如:

$$1011B = 1\times2^3+0\times2^2+1\times2^1+1\times2^0 = 11D$$

二进制的运算规则如下:

加法:0+0=0; 0+1=1; 1+0=1; 1+1=10。

减法：0-0＝0；1-0＝1；1-1＝0；10-1＝1

3. 十六进制数

十六进制数是单片机 C 语言编程时常用的一种计数制，其主要特点是：

1）十六进制数由 16 个数码符号构成，即 0、1、2、…、9、A、B、C、D、E、F，其中 A、B、C、D、E、F 分别代表十进制数的 10、11、12、13、14、15，基数是 16；

2）进位规则是"逢十六进一"，一般在数的后面加字母 H 表示这个数是十六进制数。

对于任意的 4 位十六进制数，可以写成如下形式：

$$H_3H_2H_1H_0 = H_3 \times 2^3 + H_2 \times 2^2 + H_1 \times 2^1 + H_0 \times 2^0$$

例如：

$$2FCBH = 2 \times 16^3 + 15 \times 16^2 + 12 \times 16^1 + 11 \times 16^0 = 12235D$$

表 1-1 所示为十进制、二进制和十六进制对照表。

表 1-1 十进制、二进制和十六进制对照表

十进制数/D	二进制数/B	十六进制数/H	十六进制 C 语言表示方法
0	0000	0	0x00
1	0001	1	0x01
2	0010	2	0x02
3	0011	3	0x03
4	0100	4	0x04
5	0101	5	0x05
6	0110	6	0x06
7	0111	7	0x07
8	1000	8	0x08
9	1001	9	0x09
10	1010	A	0x0a
11	1011	B	0x0b
12	1100	C	0x0c
13	1101	D	0x0d
14	1110	E	0x0e
15	1111	F	0x0f

二、数制间的转换

将一个数由一种数制转换成另一种数制称为数制的转换。

1. 二进制数转换成十进制数

将二进制数按位权展开式展开。

例如：

$$1011B = 1×2^3+0×2^2+1×2^1+1×2^0 = 11D$$

2. 十进制数转换成二进制数

十进制数转二进制数采用"除2取余法"，即将十进制数依次除2，并记下余数，一直除到商为0，最后将全部余数按相反次序排列，就能得到二进制数，如图1-1所示。

例如：

$$44D = 101100B$$

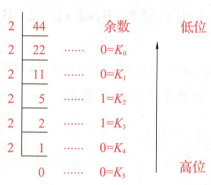

图1-1 除2取余法

3. 十六进制数转换成二进制数

十六进制数转换成二进制数的方法是从左至右将待转换的十六进制数的每个数码依次用4位二进制数表示。

例如，将十六进制数2FCH转换为二进制数

  2   F   C
0010 1111 1100

所以，2FCH = 001011111100B

4. 二进制数转换成十六进制数

将二进制数转换成十六进制数的方法是从右至左，每4位二进制数转换为1位十六进制数，不足部分补0。

例如，将二进制数110111110B转换为十六进制数

0001 1011 1110
  1   B   E

所以，110111110B = 1BEH

三、二进制数的运算

1. 算术运算

（1）加法运算

加法运算规则如下：

0+0=0，1+0=0+1=1，1+1=10（向高位有进位）。

(2) 减法运算

减法运算规则如下：

0-0=0，1-0=1，1-1=0，0-1=1（向高位借1当作2）。

(3) 乘法运算

乘法运算规则如下：

0×0=0，0×1=1×0=0，1×1=1。

(4) 除法运算

除法运算是乘法运算的逆运算。与十进制数类似，从被除数最高位开始取出与除数相同的位数，减去除数。

2. 逻辑运算

(1) 与运算

"与"又称为逻辑乘法，常用符号"∧"表示，运算规则为0∧0=0，1∧0=0，0∧1=0，1∧1=1，其记忆口诀为"有0出0，全1出1"，其逻辑真值表如表1-2所示。

表1-2 与运算逻辑真值表

A	B	Y
0	0	0
0	1	0
1	0	0
1	1	1

(2) 或运算

"或"又称为逻辑加法，常用符号"∨"表示，其运算规则为0∨0=0，1∨0=1，0∨1=1，1∨1=1，其记忆口诀为"有1出1，全0出0"，其逻辑真值表如表1-3所示。

表1-3 或运算逻辑真值表

A	B	Y
0	0	0
0	1	1
1	0	1
1	1	1

(3) 非运算

非运算又称逻辑取反，常用运算符号"-"表示，运算规则为$\bar{0}=1$，$\bar{1}=0$，其记忆口诀为"有0出1，有1出0"，其逻辑真值表如表1-4所示。

表 1-4　非运算逻辑真值表

A	Y
0	0
1	1

（4）异或运算

异或又称半加，即不考虑进位的加法，常用运算符号"⊕"表示，运算规则为 0⊕0＝0，1⊕0＝1，0⊕1＝1，1⊕1＝0，其记忆口诀为"相异为 1，相同为 0"，其逻辑真值表如表 1-5 所示。

表 1-5　异或运算逻辑真值表

A	B	Y
0	0	0
0	1	1
1	0	1
1	1	0

四、单片机中数的表示

1. 位

位是单片机中表示数的最小数据单位，单片机中位操作非常频繁，使用位操作命令可以使单片机某一端口输出高、低电平，从而控制输出设备完成不同的动作（如指示灯点亮、蜂鸣器发声、电动机转动等）。

2. 字节

字节是计算机内部进行数据处理的基本单位，它由若干位二进制数组成。每 8 位二进制数组成一个字节，通常用 B 表示。51 内核的单片机的数据线是 8 位的，在单片机中字节操作很频繁，一般可以直接输出一个字节的数据。

3. 字

计算机中通常将若干个字节定义为一个字，每个字包含的位数称为字长，不同类型的单片机具有不同的字长。例如，51 内核单片机的字长是 8 位，为一个字节；MCS-96 系列单片机的字长是 16 位，为两个字节。

4. 原码、反码和补码

（1）原码

原码是计算机中对数字的二进制定点表示的方法。原码表示法在数值前面增加了一位符号位（即最高位为符号位）：若是正数则该位为 0，若是负数则该位为 1，其余位表示数值的大小。

例如，用 8 位二进制表示一个数，+3 的原码为 00000011，-3 的原码就是 10000011。

（2）反码

如果该数为正数，则反码与原码表示方法相同；如果为负数，则保持原码的符号位不变，其余位逐位取反。

例如：用 8 位二进制表示一个数，+3 的反码为 00000011，-3 的反码就是 11111100。

（3）补码

计算机中表示的数通常采用补码来表示。正数的原码、反码和补码均相同；负数的补码是在原码的基础上取反，变为反码后再加 1。

例如：用 8 位二进制表示一个数，+3 的补码为 00000011，-3 的补码就是 11111101。

项目任务

任务一　了解单片机的发展历史

作为微型计算机发展中的一个分支，单片机的发展历史并不长，从 1975 年美国德州仪器公司发布 TMS-1000 系列 4 位单片机至今，单片机的种类已达数百种，从 1 位、4 位、8 位、16 位发展到 32 位、64 位单片机，其集成度越来越高，功能越来越强，应用越来越广。

一、单片机内部结构

单片机，全称为单片微型计算机（Single-Chip Microcomputer），又称微控制器（Microcontroller），它是把中央处理器、存储器、定时/计数器（Timer/Counter）、各种输入/输出接口等集成在一块集成电路芯片上的微型计算机，如图 1-2 所示。

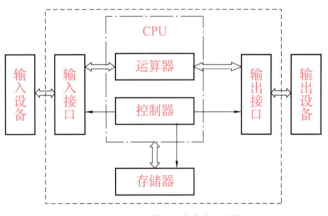

图 1-2　单片机的内部结构

二、单片机分类

1. 按用途分类

按用途分类，单片机可分为通用型和专用型两大类。专用型单片机是针对专门用途设计的芯片，如微波炉和热水器等家用电器上采用的单片机，其应用范围受到一定的限制；通用型单片机的适用性较强，应用范围更广。

2. 按位数分类

根据总线或数据寄存器的宽度，单片机又分为 4 位、8 位、16 位、32 位和 64 位单片机，位数越高，其处理数据的速度就越快。4 位单片机多用于冰箱、洗衣机、微波炉等家电控制中；8 位、16 位单片机主要用于一般的控制领域，通常不使用操作系统；32 位以上的单片机多用于网络操作、多媒体处理等复杂处理的场合，通常要使用嵌入式操作系统。

3. 按 CPU 内核分类

单片机按照内核可分为 51、AVR、MSP430、PIC 和 STM 等系列。

4. 按封装形式分类

目前，单片机常见的封装形式有 PDIP（双列直插塑料封装）、PLCC（带引线的塑料芯片载体）、PQFP（方型扁平塑料封装）、QFN（无引线四方扁平封装），其中 QFN 封装的导热性能优越，目前应用较广。图 1-3 为单片机常见封装形式。

图 1-3　单片机常见封装形式

（a）PDIP 封装；（b）PQFP 封装；（c）PLCC 封装；（d）QFN 封装

5. 按指令集分类

目前，单片机中 CPU 常用的指令集分为集中指令集（CISC）和精简指令集（RISC）两大类。采用 CISC 结构的单片机数据线和指令线分时复用，即所谓的冯·诺依曼结构。它的指令丰富，功能较强，但取指令和取数据不能同时进行，速度受限。采用 RISC 结构的单片机，其数据线和指令线分离，即所谓的哈佛（Harvard）结构。这使取指令和取数据可以同时进行，且由于一般指令线宽于数据线，因此，其指令较同类 CISC 单片机指令包含更多的处理信息，执行效率更高，速度亦更快。同时，这种单片机指令多为单字节，程序存储器的空间利用率大大提高，有利于实现超小型化。

目前，CISC 结构的单片机有 Intel8051 系列、Motorola 和 M68HC 系列、ATMEL 的 AT89 系列、中国台湾 Winbond（华邦）W78 系列、荷兰 Pilips 的 PCF80C51 系列等；属于 RISC 结构的有 Microchip 公司的 PIC 系列、Zilog 的 Z86 系列、ATMEL 的 AT90S 系列、韩国三星公司的 KS57C 系列 4 位单片机、中国台湾义隆的 EM-78 系列、意法半导体公司的 STM 系列等。一般来说，控制关系较简单的小家电，通常采用 RISC 型单片机；控制关系较复杂的场合，如通信产品、工业控制系统通常采用 CISC 单片机。

三、常用单片机介绍

1. MCS51 和 MCS96 系列单片机

1980 年，Intel 公司在总结了 MCS-48 系列的基础上，推出了 MCS51 系列 8 位单片机，它与 MCS-48 系列单片机相比，功能增强了很多，具有全双工的串行 I/O 接口，具有多机通信控制功能。1983 年，Intel 公司推出了新一代的 MCS-96 系列的 16 位单片机，其性能较 8 位单片机有了较大提高，其片内有 8 路 10 位 A/D 转换，4 条高速触发输入线，6 条高速脉冲输出线，适合于高速实时控制场合。

2. ATMEL89 和 AT90 系列单片机

ATMEL89 和 AT90 系列单片机是美国爱特梅尔（ATMEL）公司生产的单片机。

ATMEL89 系列单片机是以 8031 核构成的，与 8051 系列单片机兼容，这个系列单片机最大的特点是在片内含有 Flash 存储器，广泛应用于便携式仪器中。由于 Flash 存储器可以多次读写，因此可进行反复系统实验，其引脚与 8051 一致，采用静态时钟，更加省电。ATMEL89 系列单片机是 8 位 Flash 单片机，89 系列单片机共有 7 种型号：AT89C51、AT89LV51、AT89C52、AT89LV52、AT89C2051、AT89C1051、AT89S8252。其中，C 代表是 CMOS 产品，LV 代表低电压产品，其电源电压最低为 2.7 V，AT89C2051 和 AT89C1051 只有 20 个引脚，其电源电压最低也为 2.7 V。

AT90 系列单片机简称"AVR"单片机，其性能比 89 系列高，它是增强的 RISC 指令单片机，采用哈佛结构，即程序存储器和数据存储器分离。90 系列单片机共有 4 种型号：AT90S1200、AT90S2312、AT90S4414、AT90S8515。

3. MSP430 系列单片机

MSP430 系列单片机是美国德州仪器公司（Texas Instruments，TI）于 1996 年开始推向市场的一种 16 位超低功耗、具有精简指令集（RISC）的混合信号处理器（Mixed Signal Processor）。该单片机将多个不同功能的模拟电路、数字电路模块和微处理器集成在一个芯片上，所以被称为"混合信号处理器"。该系列单片机多应用于需要电池供电的便携式仪器仪表中。目前，MSP430 系列单片机有十多种型号：31x、32x、33x、11x/11x1、F13x/F14x、F41x、F43x、F44x、F15x 和 F16x，其中以 F 开头的是带 Flash 存储器的单片机。

4. ARM 内核单片机

目前的嵌入式系统，绝大多数采用了以 ARM 为内核架构的微处理器。ARM 公司自 1990 年成立以来，在 32 位 RISC 的 CPU 开发设计上不断突破，其设计的微处理器架构已经从 v1 发展到了 v7，ARM 主流架构分类及应用领域如表 1-6 所示。在嵌入式领域，目前应用最广的是意法半导体公司的 STM32 系列单片机，它广泛应用于小家电、无人机、服务类机器人等各种智能设备中。

表1-6 ARM主流架构分类及应用领域

系列	架构	核心	应用领域
ARM7	ARMv4T	ARM7TDMI、ARM7TDMI-S	对价格和功耗要求较高的应用，如便携式手持设备、工业控制、网络设备、消费电子产品等
ARM9	ARMv4T	ARM9TDMI、ARM920T、ARM922T、ARM940T	下一代无线设备、仪器仪表、安全系统、机顶盒、高端打印机、数字照相机、数字摄像机、音频、视频多媒体设备等
ARM9E	ARMv5TE	ARM926EJ-S、ARM946E-S、ARM966E	适用于需要高速数字信号处理、大量浮点运算、高速度运算场合
ARM10E	RMv5TE	ARM1020E、ARM1022E、ARM1026EJ-S	工业控制、通信和信息系统等高端应用领域，包括高端的无线设备、基站设备、视频游戏机、高清成像系统
XScale	ARMv5TE	PXA270、PXA271、PXA272	高端手持设备、多媒体设备、网络、存储、远程接入服务等领域
ARM11	ARMv6/ARMv6T2	ARM1136J、ARM176、ARM11.MPCore、ARM1156T2	高端领域的应用，如数字电视、机顶盒、游戏机、智能手机、音/视频多媒体设备、无线通信基站设备、汽车电子产品
Cortex	ARMv7	Cortex-M0/M3、Cortex-M4 Cortex-R4、Cortex-A8/A9	M是针对当前8位和16位单片机的换代产品；R针对需要运行实时操作系统来进行控制应用的系统；A针对日益增长的运行包括Linux、Windows CE和Android在内的消费电子和无线产品

5. PIC 系列单片机

PIC 系列 8 位 CMOS 单片机具有独特的 RISC 结构，是数据总线和指令总线分离的哈佛总线结构，其指令具有单字长的特性，且允许指令码的位数可多于 8 位的数据位数，这与传统的采用 CISC 结构的 8 位单片机相比，可以达到 2∶1 的代码压缩，速度可以提高 4 倍。

6. CC2530 单片机

图 1-4 为 VQFN40（超薄无引线四方扁平）封装的 CC2530 单片机，该单片机外围有 40 个引脚。CC2530 是 TI 公司推出的一款芯片，该芯片包含了 51 单片机内核与 ZigBee 技术（基于 802.15.4 协议），TI 公司为该芯片提供了 ZigBee 协议栈以及解决方案，经济且低功耗。CC2530 单片机有 4 种不同的版本：CC2530-F32/64/128/256，分别带有 32 KB/64 KB/128 KB/256 KB 的闪存空间，它整合了全集成的高效射频收发机及业界标准

图 1-4 VQFN40（超薄无引线四方扁平）封装的 CC2530 单片机

的增强型 8051 单片机，内有 8 KB 的 RAM 和其他强大的支持功能和外设。图 1-5 所示为 CC2530 单片机外围引脚。

CC2530 单片机可广泛应用于各类物联网应用场景中，如家庭/建筑物自动化、智能照明系统、工业控制和监视、低功耗无线传感器网络、消费类电子和卫生保健等领域。

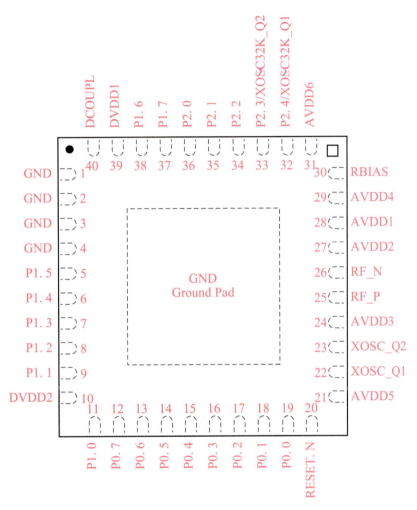

图 1-5　CC2530 单片机外围引脚

CC2530 单片机的主要特点如下。

1）具有高性能、低功耗、带程序预取功能的 8051 单片机内核。

2）32 KB/64 KB/128 KB 或 256 KB 的在系统可编程 Flash。

3）8 KB 在所有模式都带记忆功能的 RAM。

4）2.4GHz IEEE 802.15.4 兼容 RF 收发器。

5）优秀的接收灵敏度和强大的抗干扰性能力。

6）精确的数字接收信号强度（RSSI）指示/链路质量指示（LQI）支持。

7）最高到 2.8 mW 的可编程输出功率。

8）集成 AES 安全协处理器，硬件支持的 CSMA/CA 功能。

9）具有 8 路输入和可配置分辨率的 12 位 ADC。

10）具有 5 通道 DMA。

11）IR 发生电路。

12）带有 2 个支持几组协议的 UART。

13）1 个符合 IEEE 802.15.4 规范的 MAC 定时器、1 个 16 位定时器和 2 个 8 位定时器。

14）看门狗定时器，具有捕获功能的 32 kHz 睡眠定时器。

15）较宽的电源电压工作范围（2.0~3.6 V）。

16）具有电池监测和温度感测功能。

17）在休眠模式下仅 0.4 μA 的电流损耗，具有外部中断或 RTC 唤醒系统。

18）在待机模式下低于 1 μA 的电流损耗，具有外部中断唤醒系统。

19）具有调试接口和开发工具。

20）仅需很少的外部元件。

了解物联网单片机的应用

单片机广泛应用在我们日常生活的各个领域，尤其是家用电器领域。由于家用电器体积小、品种多、功能差异大，因此其控制器不仅要体积小，以便能够嵌入家用电器中，而且要有灵活的控制功能。单片机以微小的体积和编程的灵活性成为家用电器实现智能化的心脏和大脑。

日常生活中单片机无处不在，如手机中有 ARM 内核的单片机，电视遥控器中有 4 位或者 8 位的单片机。空调、洗衣机、微波炉、冰箱、热水器、电子秤、电子表、计算器、收音机、鼠标、键盘、电动自行车、汽车钥匙、可视门禁、公交车报站器、公交车刷卡器、红绿灯控制器等都用到了单片机。

单片机具有体积小、使用灵活、成本低、易于产品化、抗干扰能力强，可在各种恶劣环境下可靠地工作等特点。特别是它应用面广，控制能力强的特点，使其在工业控制、智能仪表、外设控制、家用电器、机器人、军事装置等方面得到了广泛的应用。嫦娥月球车和北斗卫星上也有单片机的身影。

无线单片机通常用作物联网系统无线传感网的终端节点和路由节点，用于实时采集传感器数据或执行相关的控制功能。

图 1-6 为 ZigBee 门窗传感器实物及图标，它是一款用于检测门、窗、抽屉、衣柜等物体的开关状态的无线传感器，它基于 ZigBee 无线通信协议，内置了 CC2530 单片机和高精度的干簧管，可以准确检测门窗的开关状态，可实时将当前状态上传至网关及云平台，从而与其他设备联动，完成智能控制任务，因此可应用于多种智能家居场景中。

图 1-7 所示为 ZigBee 智能插座及图标，它是基于 ZigBee 无线通信协议、具备 ZigBee 网络中继功能的智能插座。

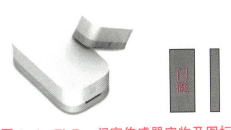  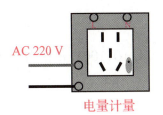

图 1-6　ZigBee 门窗传感器实物及图标　　　　图 1-7　ZigBee 智能插座及图标

项目小结

本项目主要介绍了如下内容：

1) 单片机的结构；

2) 单片机的分类；

3) 单片机的应用；

4) 单片机基础知识（数制、进制转换、数的表示）。

项目评价

对本项目学习效果进行评价，完成表 1-7。

表 1-7　项目评价反馈表

评价内容	分值	自我评价	小组评价	教师评价	综合	备注
任务一	30					
任务二	30					
拓展任务	20					
职业素养	20					
合计	100					
取得成功之处						
有待改进之处						
经验教训						

习 题

一、选择题

1. 10110011B 相当于十进制数（　　）
   A. 183　　　　B. 167　　　　C. 179　　　　D. 198

2. 一个字节包含（　　）二进制数。
   A. 8 位　　　　B. 16 位　　　　C. 32 位　　　　D. 64 位

3. 十进制数 76 在 C 语言中表示成十六进制数的形式为（　　）
   A. 0x67　　　　B. 0x76　　　　C. 0x4c　　　　D. 0xc4

4. 符合"或"逻辑关系的表达式是（　　）。
   A. 1∨1 = 2　　　　B. 1∨1 = 10　　　　C. 1∨1 = 1　　　　D. 1∨1 = 0

5. 符合"与"逻辑关系的表达式是（　　）。
   A. 0∧1 = 1　　　　B. 1∧1 = 2　　　　C. 0∧1 = 10　　　　D. 0∧1 = 0

6. 十进制数 –7，如果用 8 位二进制补码形式来表示为（　　）。
   A. 10000111　　　　B. 11111000　　　　C. 11111001　　　　D. 00000111

7. CC2530 单片机是面向（　　）无线通信应用的片上系统。
   A. 1.6 GHz　　　　B. 2.4 GHz　　　　C. 3.2 GHz　　　　D. 5.6 GHz

8. CC2530 单片机的内核是（　　）。
   A. ARM　　　　B. PIC　　　　C. 增强型 8051　　　　D. CPU

二、多选题

1. 与十进制数 12 大小相同的数有（　　）
   A. 1100B　　　　B. CH　　　　C. 1101B　　　　D. BH

2. 单片机常见的封装形式有（　　）
   A. PDIP　　　　B. PLCC　　　　C. PQFP　　　　D. QFN

3. 单片机内部一定有的部件是（　　）
   A. 中央处理器　　　　B. 键盘　　　　C. 定时/计数器　　　　D. 存储器

4. 符合与运算的有（　　）
   A. 0∧0 = 0　　　　B. 1∧0 = 0　　　　C. 0∧1 = 0　　　　D. 1∧1 = 0

三、简答题

1. 什么是单片机？它的内部结构主要有哪几部分？
2. 简述单片机的分类？

项目二

CC2530 单片机程序编写与调试

项目描述

某物联网项目已编写好 CC2530 单片机源程序，现在要求技术人员将编译好的程序代码下载到 CC2530 单片机开发板上，并进行功能测试。

学习目标

```
CC2530单片机程序编写与调试
├── CC2530单片机最小系统电路
└── CC2530单片机开发板电路原理分析
    ├── 稳压电源电路
    ├── 复位和时钟电路
    ├── 射频无线发射接收电路
    ├── ISP下载电路
    ├── RS232电平转换电路
    └── I/O外部扩展电路
```

【知识目标】

1）掌握 CC2530 单片机最小系统电路的组成。

2）掌握 CC2530 单片机程序下载方法。

3）掌握 CC2530 单片机程序编写和调试方法。

【技能目标】

1）能正确识读 CC2530 单片机开发板电路原理图。

2）能熟练下载 CC2530 单片机程序。

3）能熟练使用 IAR 软件编写 CC2530 单片机源程序。

4）能熟练调试 CC2530 单片机程序。

【素养目标】

1）培养沟通交流及团队合作意识。

2) 养成规范操作的职业习惯。

3) 培养精益求精的工匠精神。

设备及材料准备

计算机（含软件 SmartRF Flash Programmer 和 IAR Embedded Workbench8.10.1）1 台、CC2530 单片机仿真器（CC Debugger）1 套、CC2530 单片机开发板 1 套、数字万用表 1 块等

相关知识

一、CC2530 单片机最小系统电路

图 2-1 为 CC2530 单片机最小系统框图，CC2530 单片机最小系统由 CC2530 单片机、电源电路、复位电路、时钟电路和射频无线发射接收电路组成。

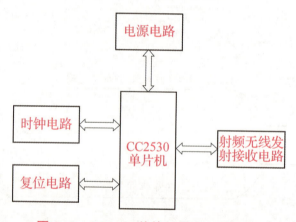

图 2-1　CC2530 单片机最小系统框图

图 2-2 为 CC2530 单片机最小系统电路原理图，其中 1～4 引脚接地，AVDD1～AVDD6（28、27、24、29、21 和 31 引脚）为 CC2530 芯片内部模拟电路电源引脚，DVDD1（39 引脚）和 DVDD2（10 引脚）为 CC2530 芯片内部数字电路电源引脚，均接+3.3 V 电源端。22、23 引脚和 32、33 引脚为时钟电路引脚，外接两个晶振，频率分别为 32 MHz 和 32.786 kHz，其中 32 MHz 为单片机的系统时钟频率，32.786 kHz 为实时钟频率。25 和 26 引脚分别为射频信号无线发射和接收引脚，外接射频天线。

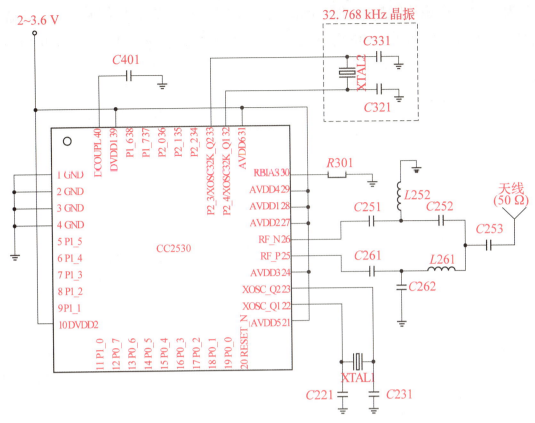

图2-2 CC2530单片机最小系统电路原理图

二、CC2530单片机开发板电路原理分析

图2-3为CC2530单片机开发板实物图，核心部分是带无线组网功能的CC2530单片机。其电路分为以下几部分：稳压电源电路、复位和时钟电路、射频无线发射接收电路（射频部分）、ISP下载电路、RS232电平转换电路、I/O外部扩展电路（传感器和控制电路）。

图2-3 CC2530单片机开发板实物图

1. 稳压电源电路

图2-4为CC2530单片机开发板电源电路，其中J10为电源适配器插座，外接+5 V电源适

配器；U3 为+3.3 V 电源稳压芯片；U5 为电池充电芯片，5 引脚（U5）为稳压电源输出引脚，1 引脚（U5）为电源输入引脚；D9 为电源指示灯；D10 为充电指示灯；J4 为充电电池插座。

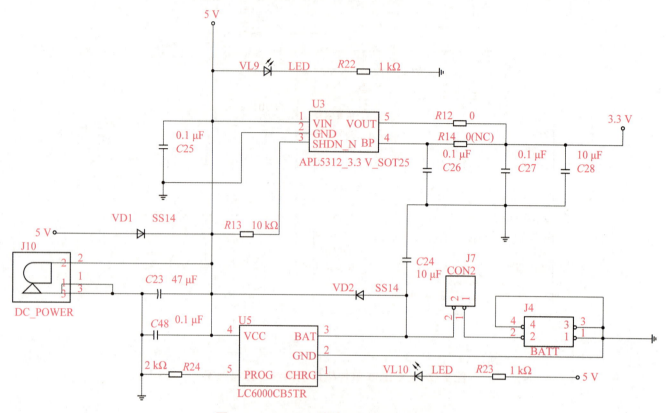

图 2-4　CC2530 单片机开发板电源电路

2. 复位和时钟电路

图 2-5 为复位电路，该复位电路采用低电平复位，按下 SW3 然后松开，电容 C18 充电一段时间后，再变为高电平，从而完成复位任务。

图 2-6 为时钟电路，其中 Y3 为 32 MHz 石英晶体，该石英晶体与单片机内部数字电路组成 32 MHz 的石英晶体振荡器，通过单片机内部分频器分频，可以得到不同频率的时钟信号。Y4 为 32.768 kHz 的石英晶体，与单片机内部的实时钟模块组成 I2C 实时钟电路，用于准确计时。

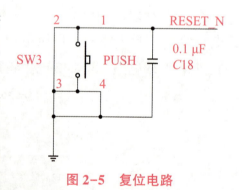

图 2-5　复位电路

3. 射频无线发射接收电路

图 2-7 为射频无线发射接收电路，J6 为射频天线接口。图 2-8 为 ZigBee 模块射频天线，采用螺纹安装在 CC2530 单片机开发板上。

4. ISP 下载电路

图 2-9 为 ISP 下载电路，使用时将 CC2530 单片机仿真器插在 J1 接口上。图 2-10 为 USB 接口数据线、CCDeubgger 仿真器和 ISP 下载线。

项目二　CC2530 单片机程序编写与调试

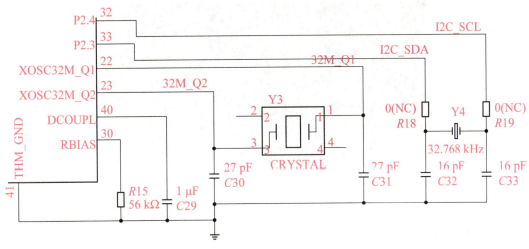

图 2-6　时钟电路

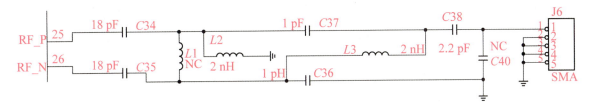

图 2-7　射频无线发射接收电路

图 2-8　ZigBee 模块射频天线

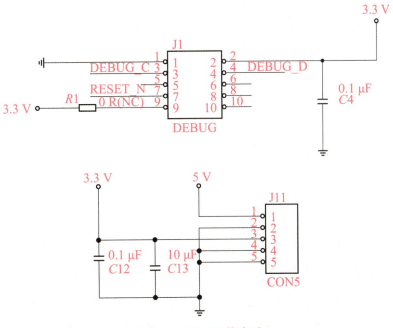

图 2-9　ISP 下载电路

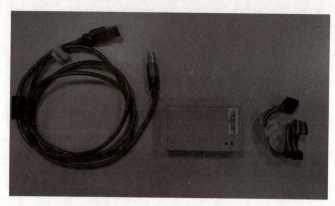

图 2-10　USB 接口数据线、CCDeubgger 仿真器和 ISP 下载线

5. RS232 电平转换电路

图 2-11 为 RS232 电平转换电路，其中 U1 为电平转换芯片（MAX232），可以将 RS232 电平（逻辑 1 的电平为 -15~-3 V，逻辑 0 的电平为 +3~+15 V，负逻辑）转换为 TTL 电平（TTL 器件输出低电平要小于 0.8 V，输出高电平要大于 2.4 V，正逻辑）。COM1 为 9 针串口插座，其 5 引脚接地，2 引脚为发送端（TXD），3 引脚为接收端（RXD）。

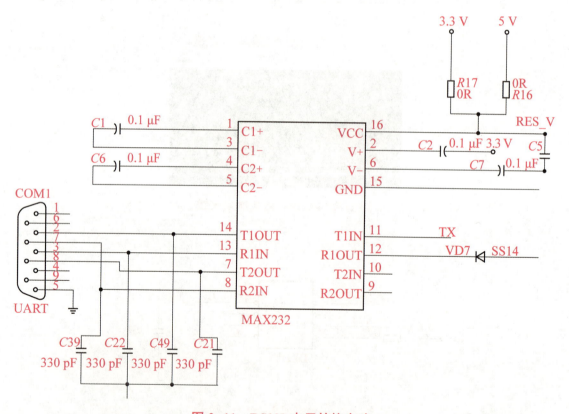

图 2-11　RS232 电平转换电路

6. I/O 外部扩展电路

图 2-12 为 ZigBee 模块 I/O 外部扩展电路，J8 为 I/O 外部扩展电路，其中 1 引脚（P1.7）为输出口，用于控制继电器动作；7 引脚（P1.6）为 CC2530 单片机开发板侧面第 2 个按键的输入端；10 引脚（ADC0）为模拟量输入端，用于采集温度等模拟量传感器数据；8 引脚（INT）为单片机外部中断信号输入端，用于检测人体红外开关、烟雾和火焰等开关量传感器

的信号变化；3 引脚、4 引脚、5 引脚和 6 引脚用于连接 I2C 总线接口的传感器模块，如温、湿度传感器模块。

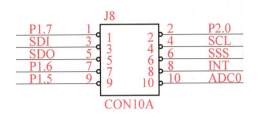

图 2-12　ZigBee 模块 I/O 外部扩展电路

项目任务

任务一　认识 CC2530 单片机最小系统

任务描述

认识 CC2530 单片机最小系统，识读 CC2530 单片机开发板电路原理图和开发板上的元器件。

任务实施

步骤 1：认识单片机最小系统电路，找出其中的关键芯片和元器件。

步骤 2：识读电路图，说出电路中主要元器件的名称和作用，完成表 2-1。

表 2-1　电路中主要元器件的名称和作用

元器件序号	元器件名称	元器件作用
VD3、VD4、VD5、VD6		
U3		
R22		
C27、C28		

步骤 3：开发板上电，用数字万用表测量最小系统中关键点的输出电位值完成表 2-2。

表 2-2 最小系统中关键点的输出电位值

序号	测量点	电位值
1	VL9 负极（见图 2-4）	
2	U3 的第 1 引脚（见图 2-4）	
3	U3 的第 5 引脚（见图 2-4）	
4	J11 的第 3 引脚（见图 2-9）	

 任务二　单片机程序下载

任务描述

采用 CC Debugger 仿真器和 SmartRF Flash Programmer（SmartRF Flash 编程器）下载软件将 CC2530 单片机程序下载到 CC2530 单片机开发板上。

任务实施

步骤 1：连接 CC Debugger 仿真器。

步骤 2：安装下载软件 SmartRF Flash Programmer。

图 2-13 为安装完毕后的 SmartRF Flash Programmer 软件界面。

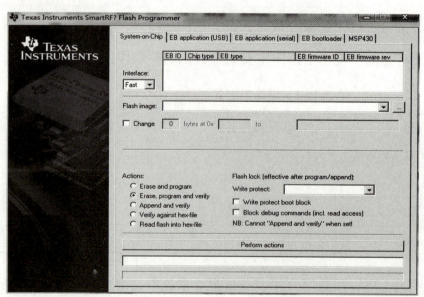

图 2-13　安装完毕后的 SmartRF Flash Programmer 软件界面

步骤 3：运行 SmartRF Flash Programmer。

1）运行 SmartRF Flash Programmer，选择 System-on-Chip（片上系统）选项卡。

2）CC2530 单片机开发板供电后，按下 CC Debugger 上的复位按钮，此时可看到 CC Debugger 上的指示灯由红色变为绿色，即表示硬件连接正常，处于正常工作状态。在 SmartRF Flash Programmer 的设备列表区显示出了当前所连接的单片机的信息，如图 2-14 所示。

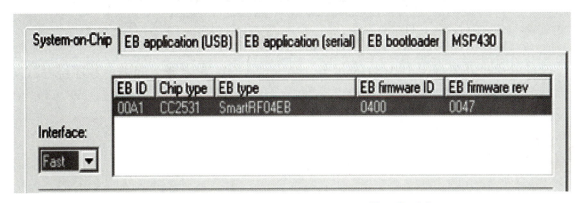

图 2-14　SmartRF Flash Programmer 的设备列表区

步骤 4：选择并烧写 hex 文件。

1）单击 Flash image（闪存镜像）的选择按钮，选择要烧写的单片机 hex 文件。如图 2-15 所示，选择"下位机测试程序.hex"文件。

2）在 Actions（操作）区域选择 Erase,program and verify，如图 2-16 所示。Actions 区域的 5 种操作含义如下。

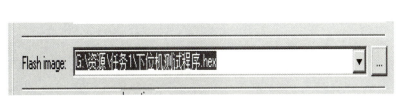

图 2-15　Flash image（闪存镜像）

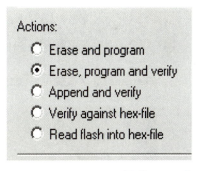

图 2-16　Actions（操作）区域

①Erase and program：擦除和编程，擦除所选单片机的 Flash 存储器，然后将 hex 文件中的内容写入到单片机的 Flash 存储器中。

②Erase,program and verify：擦除、编程和验证，与"擦除和编程"一样，但编程后会将 Flash 存储器中的内容重新读出来并与 hex 文件进行比较。这种动作可检测编程错误或因闪存损坏导致的错误，所以建议用其来对单片机进行编程。

③Append and verify：添加并校验。

④Verify against hex-file：校验 hex 文件。

⑤Read flash into hex-file：读 Flash 存储器中的 hex 文件。

3）单击 Perform actions（执行操作）按钮，开始执行擦除、编程、校验和读取等操作。

操作结束后，将显示相关操作提示，如图 2-17 所示。

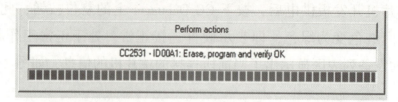

图 2-17　Perform actions（执行操作）操作提示

4）观察单片机开发板上 LED 灯的状态，会发现 LED3 在闪烁，即表示程序烧写成功。

任务三　程序编写与调试

任务描述

使用 IAR 建立工程和项目，编写源程序代码，编译生成 hex 文件，并将 hex 文件下载到 CC2530 单片机的 Flash 存储器中，在单片机开发板上观察程序运行效果。

任务实施

步骤 1：安装软件 IAR Embedded Workbench 8.10.1。

1）双击 CD-EW8051-8101 文件夹中的启动文件 autorun.exe，如图 2-18 所示。

图 2-18　CD-EW 8051-8101 文件夹

2）单击 Install IAR Embedded Workbench?，开始安装 IAR 软件，如图 2-19 和图 2-20 所示。单击 Next>继续安装 IAR Embedded Workbench8.10.1。

图 2-19　IAR Embedded Workbench 安装界面 1

图 2-20　IAR Embedded Workbench 安装界面 2

3）根据提示在 License 文本框中输入 License 软件授权码，单击 Next>，然后选择 Complete（完全安装）或 Custom（定制安装），再单击 Next>即可完成安装任务，如图 2-21 和图 2-22 所示。

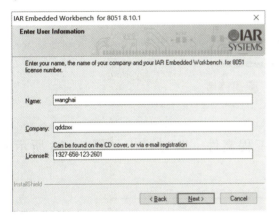

图 2-21　IAR Embedded Workbench 安装界面 3

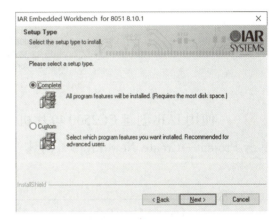

图 2-22　IAR Embedded Workbench 安装界面 4

图 2-23 为启动后的 IAR Embedded Workbench 8.10.1 软件界面。

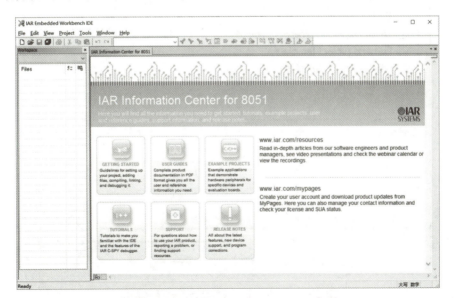

图 2-23　IAR Embedded Workbench 8.10.1 软件启动界面

步骤 2：连接 CC Debugger 仿真器、安装 USB 驱动程序。

图 2-24 为 CC Debugger 单片机仿真器连接示意图，CC Debugger 的一端采用 USB 接口数据线与计算机相连，另一端采用 10 针 ISP 下载线与 CC2530 单片机开发板相连。

图 2-24　CC Debugger 单片机仿真器连接示意图

CC Debugger 与计算机连接后，若计算机已联网，则系统会自动安装 CC Debugger 驱动程序，可以在设备管理器检查是否安装成功，如图 2-25 所示；也可以在设备管理器中手动安装驱动程序。

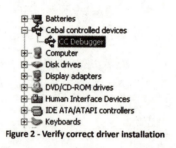

图 2-25　CCDebugger 驱动程序

步骤 3：使用 IAR 创建 CC2530 单片机工程文件。

单击 Project→Create New Project 创建一个新的工程文件，此时弹出如图 2-26 所示的对话框。

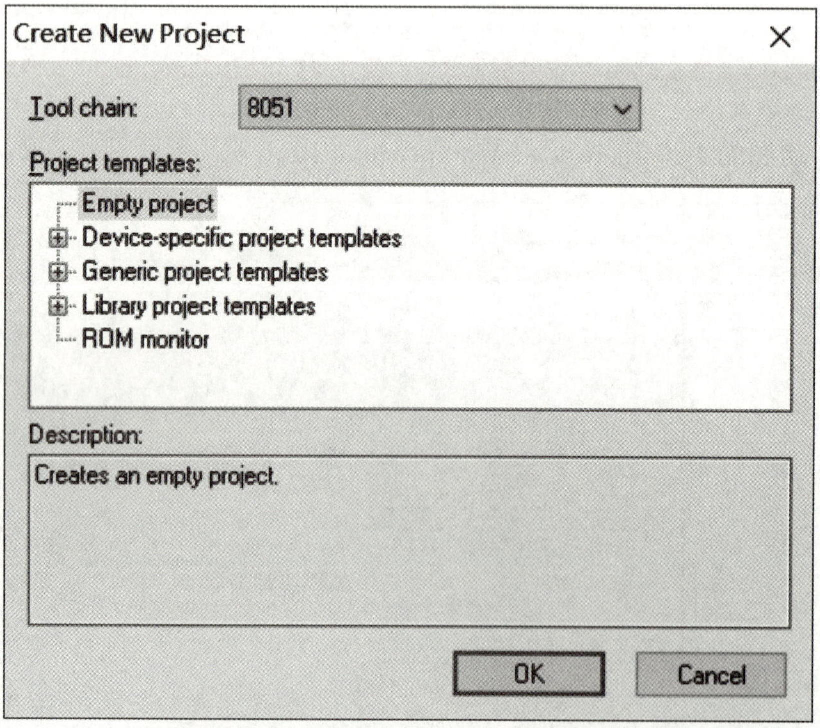

图 2-26　Create New Project 对话框

在 Project templetes（工程模板）栏选择 Empty project（空工程）来建立一个空白工程文件，单击 OK 按钮后弹出如图 2-27 所示对话框。在该对话框选取工程文件将要保存的位置，然后输入新工程文件的文件名，单击"保存"按钮即可，工程文件扩展名为.ewp。

图 2-27 "另存为"对话框

此时，在 IAR 的 Workspace（工作区）中会看到刚建立好的空白工程文件，如图 2-28 所示。

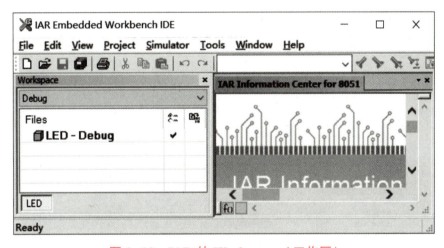

图 2-28 IAR 的 Workspace（工作区）

步骤 4：保存工作区。

单击 File→Save Workspace As 为工作区命名（如"IAR 工作区"），并保存该工作区，工作区文件扩展名为.eww，如图 2-29 所示。

步骤 5：工程配置。

工程文件建好后，为使工程支持 CC2530 单片机和生成 hex 文件，还需要完成工程配置。单击 Project（工程）→Option（选项）（见图 2-30），或者右击左侧的工程文件名（见图 2-31），执行 Option（选项）命令。打开工程配置窗口，对该工程进行配置，如图 2-32 所示。

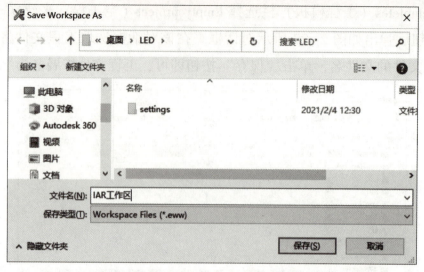

图 2-29 保存工作区

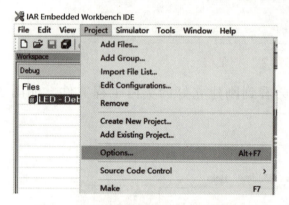

图 2-30 执行菜单命令打开工程配置

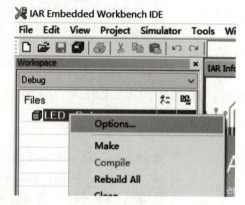

图 2-31 右击打开工程配置对话框

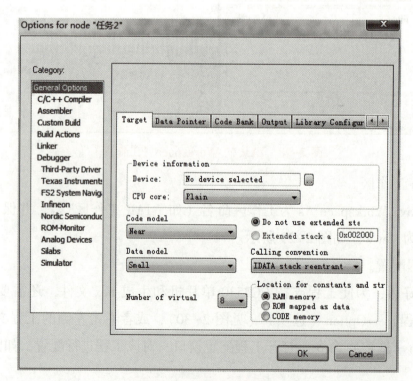

图 2-32 进行工程配置

1）单片机型号配置。

在 Option（选项）窗口中选择 General Options（通用选项）下的 Target（目标）选项卡，该选项卡用于配置工程中使用的单片机型号、程序代码和数据存放方式。在 Device information（设备信息）里单击 Device（设备）最右侧按钮，然后从 Texas Instruments（德州仪器公司）文件夹中选择 CC2530F256.i51，如图 2-33 所示。其中，"F256"表示该单片机的 Flash 存储器的容量。

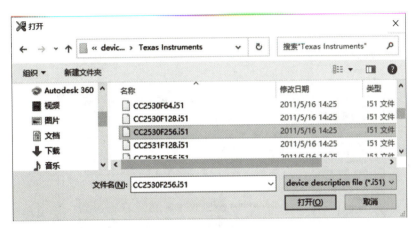

图 2-33　选择单片机型号

2）配置输出文件。

在 Option（选项）窗口中选中 Linker 列表项，然后再选中其中的 Output（输出）选项卡，在 Format（格式）栏中选中 Debug information for C-SPY（设置 C-SPY 调试信息）项，同时勾选 Allow C-SPY-specific extra output file（允许 C-SPY 调试生成输出文件）复选框，如图 2-34 所示，这样设置完成后既可以仿真也可以输出 hex 文件。

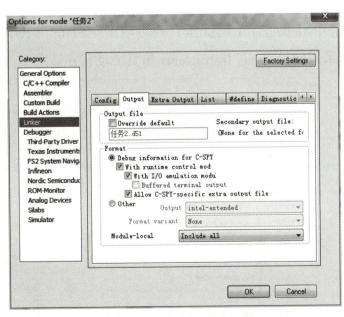

图 2-34　Output（输出）选项卡

注意：若在 Format（格式）栏中选中 Other（其他）项，则不能进行单片机仿真调试，只能在 Format（格式）栏中将 Output（输出）项配置为 intel-extended 格式，从而输出 hex 文件。

3）生成 hex 文件

选中 Linker 列表项下的 Extra Output（额外输出）选项卡，勾选 Generate extra output file（生成额外输出文件）复选框，再勾选 Output file 栏中的 Override default（覆盖默认文件）复选框，然后在下面的文本框中输入要生成的 hex 文件名，如"LED.hex"。同时，在 Format（格式）栏中将 Output format（输出格式）设置为 intel-extended，如图 2-35 所示。所有内容配置完毕后，单击 OK 按钮关闭配置窗口。

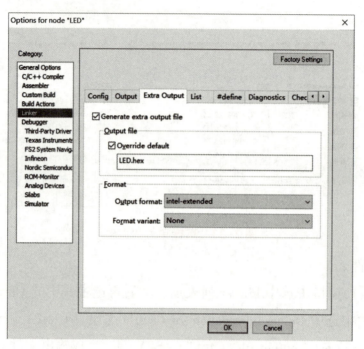

图 2-35　Extra Output（额外输出）选项卡

4. 仿真调试配置

如图 2-36 所示，选中 Debugger（调试器）列表项，在 Setup（设置）选项卡中选取对应的仿真驱动程序，这里采用的是 Texas Instruments 仿真驱动程序。

图 2-36　Debugger（调试器）列表

步骤6：编写CC2530单片机源程序。

1）新建源程序文件。

在当前工程文件夹中新建一个名为source的文件夹，用来保存源程序文件。单击File→New→File在IAR中创建一个新文件，按<Ctrl+S>组合键保存该文件，并将该文件命名为led.c，将其保存到source文件夹中，如图2-37所示。

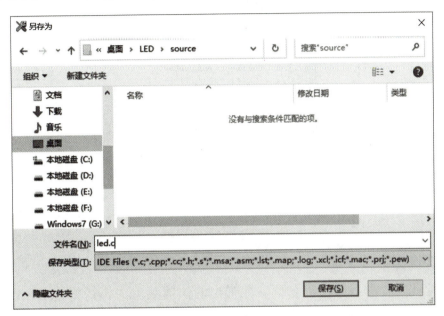

图2-37　新建CC2530单片机源程序文件

2）将源程序文件添加到当前工程中。

如图2-38所示，右击当前工程名称，在弹出的快捷菜单中，选择其中的Add→Add File命令，找到刚刚创建的文件"led.c"并打开该文件即可。

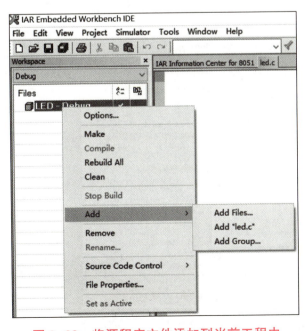

图2-38　将源程序文件添加到当前工程中

注意：工程名字右上角的 * 表示工程发生改变还未保存，代码文件右侧的红色 * 表示该代码文件还未编译。

3）编写源程序。

如图 2-39 所示，在右侧的编程窗口中输入程序代码，然后按<Ctrl+S>组合键保存。

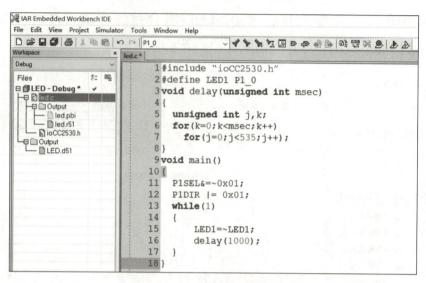

图 2-39　编写源程序

步骤 7：编译源程序。

如图 2-40 所示，右击当前工程名称，在弹出的快捷菜单中执行 Rebuild All 命令（或执行 Project 菜单下的 Rebuild All 命令），此时 IAR 将编译该程序并生成 hex 文件。IAR 软件底部的 Build（编译）窗口中若显示"Total number of errors：0（总共有 0 处错误）"和"Total number of warning：0（总共有 0 处警告）"，则表示程序没有出现错误和警告，如图 2-41 所示。编译完毕后，在工程文件夹中会出现一个名为"Debug"的文件夹，其中存放了编译过程的中间文件和最终生成的 hex 文件，该文件位于工程文件夹中的 \Debug\Exe 文件夹中。

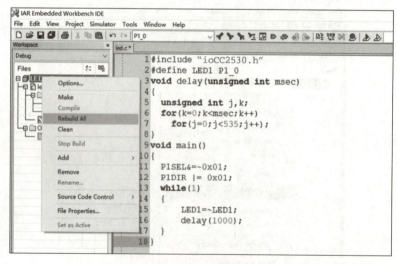

图 2-40　编译源程序

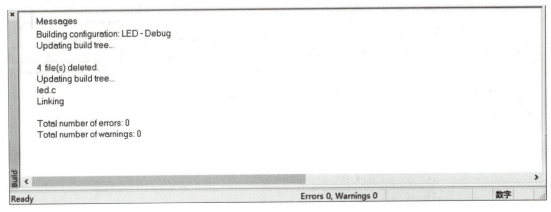

图 2-41 "Build（编译）"窗口

步骤 8：下载程序。

方法 1：使用下载软件 SmartRF Flash Programmer 将 hex 文件下载到 CC2530 单片机中（具体方法见任务一），开发板上电复位后，观察程序运行效果。

方法 2：执行 Project→Download and Debug 菜单命令，下载并调试程序，如图 2-42 所示。

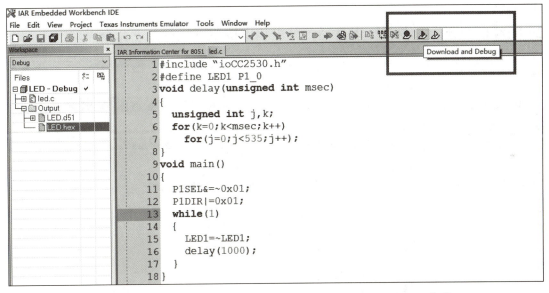

图 2-42 工具栏 Download and Debug（下载及调试）命令

步骤 9：仿真调试程序。

1）设置程序断点

选中要添加断点的某一行，执行工具栏中的 Toggle Breakpoint（设置或取消断点）命令（或直接双击要添加程序断点的位置的行号），可以在代码左侧添加一个红点，即程序断点，如图 2-43 所示。

2）下载及调试程序

执行工具栏中的 Download and Debug（下载及调试）命令，可以通过 CC Debugger 仿真器将程序下载到 CC2530 单片机开发板上，并进行仿真调试，如图 2-43 所示。

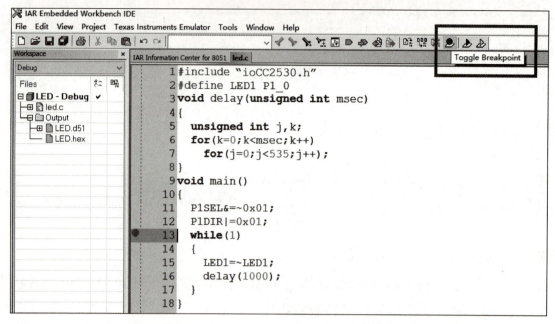

图 2-43 工具栏 Toggle Breakpoint（设置或取消断点）命令

3）调试程序。

图 2-44 红框部分为"调试"工具栏，单击相应按钮可执行如下命令。

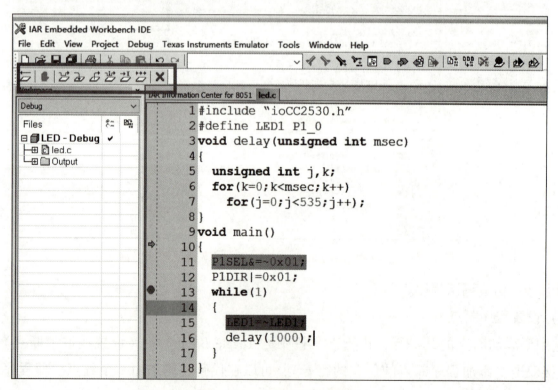

图 2-44 "调试"工具栏

① Rest：复位。

② Step over（F10）：单步运行但是不进入调用的函数体内。

③ Step into（F11）：单步运行可以进入调用的函数体内。

④ Step out：单步运行从调用的函数体内跳出，返回到调用该函数的下一条语句。

⑤ Run to cursor：从当前位置运行到光标指定处。

⑥ Go：直接运行。

⑦ Stop Debugging：退出调试状态。

⑧ Next Statement：直接执行到下一条语句。

拓展任务

新建一个工程文件，命名为"flash"，将"资料"文件夹中的LED呼吸灯程序代码复制到该工程中，然后编译、下载、调试该程序，观察程序运行效果。

项目小结

本项目主要介绍了IAR软件的使用方法，CC2530单片机程序的编写、编译、下载和调试方法。

项目评价

对本项目学习效果进行评价，完成表2-3。

表 2-3 项目评价反馈表

评价内容	分值	自我评价	小组评价	教师评价	综合	备注
任务一	20					
任务二	20					
任务三	20					
拓展任务	20					
职业素养	20					
合计	100					
取得成功之处						
有待改进之处						
经验教训						

习 题

一、单选题

1. CC2530F256 芯片具有的闪存容量为(　　)。
   A. 32 KB　　　　B. 64 KB　　　　C. 128 KB　　　　D. 256 KB

2. 下列文件格式中,(　　)是可以下载到单片机中并被单片机执行的文件格式。
   A. c 文件　　　　B. java 文件　　　　C. class 文件　　　　D. hex 文件

3. 下列文件格式中,(　　)是 CC2530 单片机源程序的文件格式。
   A. c 文件　　　　B. java 文件　　　　C. class 文件　　　　D. hex 文件

4. CC2530 单片机最小系统未分频前,其系统时钟频率为(　　)。
   A. 32 MHz　　　　B. 16 MHz　　　　C. 8 MHz　　　　D. 32.768 kHz

5. RS232 逻辑 1 电平为(　　)
   A. -15~-3 V　　　　B. -15~+3 V　　　　C. 2.4~3.3 V　　　　D. 0~5 V

二、多选题

1. 属于 CC2530 单片机最小系统电路的是(　　)。
   A. 复位电路　　　　B. 时钟电路　　　　C. 电源电路　　　　D. 串口通信电路

2. 进行 CC2530 单片机应用开发,需要(　　)。
   A. 路由器　　　　B. 仿真器
   C. IAR 开发环境　　　　D. CC2530 单片机开发板

3. 在 IAR 集成开发环境中进行 CC2530 单片机应用开发,可以完成如下(　　)操作。
   A. 编写程序　　　　B. 编译程序　　　　C. 发布程序　　　　D. 调试程序

三、简答题

1. 简述 CC2530 单片机最小系统的组成,绘制 CC2530 单片机最小系统框图。

2. 简述 CC2530 单片机复位电路的工作原理。

项目三

LED 流水灯——CC2530 单片机 I/O 端口应用 1

 项目描述

"七一"建党节临近,为了庆祝党的生日,渲染节日气氛,街道两旁需要悬挂一些彩灯来点缀气氛,如图 3-1 所示。本项目要求用 CC2530 单片机控制 LED 彩灯,按照一定规律闪烁。通过对本项目的学习,学生能够掌握仿真调试程序方法,进一步熟悉 IAR 软件的使用方法,并初步掌握 CC2530 单片机编程的基本方法。

图 3-1　LED 彩灯控制效果图

学习目标

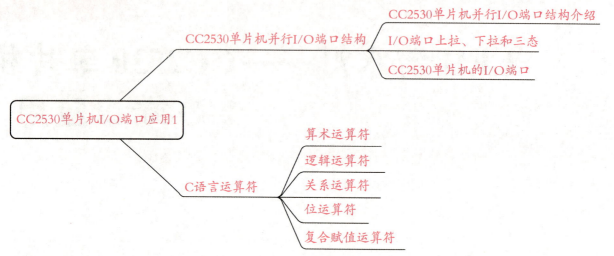

【知识目标】

1) 了解CC2530单片机并行I/O端口的结构。
2) 掌握C语言位运算符的用法。
3) 掌握CC2530单片机编程的方法。
4) 熟悉IAR软件的使用方法。
5) 掌握CC2530单片机仿真调试方法。

【技能目标】

1) 能熟练完成I/O端口的初始化配置。
2) 能熟练使用C语言位运算符完成I/O端口操作。
3) 会编写及修改简单的CC2530单片机源程序。
4) 能熟练完成CC2530单片机的仿真调试。

【素养目标】

1) 培养沟通交流及团队合作意识。
2) 养成规范操作的职业习惯。
3) 培养精益求精的工匠精神。

 设备及材料准备

CC2530单片机开发板1套，CC Debugger仿真器1套，计算机1台。

相关知识

一、CC2530 单片机并行 I/O 端口结构

1. CC2530 单片机并行 I/O 端口结构介绍

如图 3-2 所示，CC2530 芯片共有 21 个 I/O（输入/输出）引脚，每个引脚均可以单独设置为通用 I/O 端口或外部设备 I/O 端口。当用作通用 I/O 功能时，其引脚可以组成 3 个 8 位端口，端口 0、端口 1 和端口 2 分别表示为 P0、P1 和 P2。其中，P0 和 P1 是两个完整的 8 位 I/O 端口（P0.0~P0.7 和 P1.0~P1.7），而 P2 端口仅低 5 位可用（P2.0~P2.4）。CC2530 单片机所有的 I/O 端口均可以通过特殊功能寄存器（SFR）P0、P1 和 P2 进行位寻址和字节寻址。

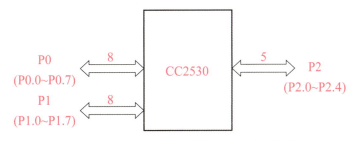

图 3-2　CC2530 芯片并行 I/O 端口结构

当配置为外设 I/O 端口时，这些端口可连接到 A/D 转换器（ADC）、定时器（Timer）或串口（USART）等外设端口，并且这些 I/O 端口的第二功能可以通过一系列的寄存器配置，由用户初始化编程实现。

I/O 端口具备以下重要特性：

1）可配置为通用 I/O 端口或外部设备 I/O 端口；

2）具有上拉或下拉能力；

3）具有外部中断功能。

注意：P1.0 和 P1.1 为高驱动输出端口，具备 20 mA 的输出驱动能力，其他输出端口仅有 4 mA 的驱动能力。

2. I/O 端口上拉、下拉和三态

（1）上拉

上拉是指单片机的输入引脚通过电阻接到电源端，当没有输入信号到该引脚时，该引脚电平为高电平（逻辑 1）。CC2530 单片机的 I/O 端口上电复位后默认处于上拉状态。

（2）下拉

下拉是指单片机的输入引脚通过电阻接到地端，当没有输入信号到该引脚时，该引脚电平为低电平（逻辑 0）。

（3）三态

三态也称为高阻态，即 I/O 引脚既没有上拉也没有下拉，而是处于高阻态。三态模式通常

应用于引脚的输出功能。当单片机的引脚连接在某通信总线上时，采用三态模式可以保证不干扰其他设备之间的通信。三态模式用于输入引脚时，引脚必须外接其他器件，此时没有上拉或下拉电阻。在进行 A/D 转换时，必须将引脚设置成三态模式，否则电压采集将不准。

3. CC2530 单片机的 I/O 端口

特殊功能寄存器 PxSEL（I/O 端口选择寄存器，其中 x 表示端口标号 0~2），可以设置端口引脚为通用 I/O 端口或外设 I/O 端口。当 I/O 端口被配置为通用 I/O 端口使用时，还可以利用 I/O 端口方向寄存器 PxDIR（其中 x 表示端口标号 0~2）将 I 端口配置为输入或输出端口。当端口被配置为通用输入端口时，可利用 I/O 端口输入模式寄存器 PxINP（其中 x 表示端口标号 0~2），将 I/O 端口配置为上拉、下拉或三态三种输入模式。缺省情况下，系统复位之后，所有端口均被设置为带上拉的通用输入端口。

注意：配置为外设 I/O 端口的引脚无上拉/下拉功能，即使该外设功能为输入功能。

二、C 语言运算符

1. 算术运算符

C51 算术运算符的含义如表 3-1 所示。

表 3-1　C51 算术运算符的含义

算术运算符	含义	算术运算符	含义
+	加法或单目取正值	/	除法
-	减法或单目取负值	%	求余运算
*	乘法	^	乘幂
--	减 1	++	加 1

加 1 减 1 运算符的含义如表 3-2 所示。

表 3-2　加 1 减 1 运算符的含义

运算符	含义
y=x++	先 y=x，然后 x=x+1
y=x--	先 y=x，然后 x=x-1
y=++x	先 x=x+1，然后 y=x
y=--x	先 x=x-1，然后 y=x

加 1 和减 1 运算符运用举例如下：

　　　x=x+1　　可写成 x++，或++x；
　　　x=x-1　　可写成 x--，或--x。

x++（x--）与++x（--x）在上例中没有什么区别，但 y=x++和 y=++x 却有很大差别。

y = x++　　　表示将 x 的值赋给 y 后，然后 x 加 1。

y = ++x　　　表示 x 先加 1 后，再将新值赋给 x。

2. 关系运算符

C51 关系运算符的含义如表 3-3 所示。

表 3-3　C51 关系运算符的含义

关系运算符	含义	关系运算符	含义
<	小于	>=	大于等于
>	大于	==	测试等于
<=	小于等于	!=	不等于

3. 逻辑运算符

C51 逻辑运算符的含义如表 3-4 所示。

表 3-4　C51 逻辑运算符的含义

逻辑运算符	含义
&&	与
||	或
!	非

4. 位运算符

工程中通常需要使用单片机 I/O 端口来控制外部设备完成相应的动作，如电动机转动、指示灯的亮灭、蜂鸣器的鸣响、继电器的通断等。因此，单片机中位的操作运算符使用就非常频繁，它与汇编语言的位操作很相似，表 3-5 中列出了常用的 C 语言位运算符。

表 3-5　常用的 C 语言位运算符

位运算符	含义
&	与
|	或
~	取反
^	异或
<<	左移
>>	右移

（1）按位"与"运算符"&"

如图 3-3 所示，"&"的功能是对两个二进制数按位进行"与"运算。"与"运算规为"有 0 出 0，全 1 出 1"。

(2) 按位"或"运算符"｜"

如图 3-4 所示，"｜"的功能是对两个二进制数按位进行"或"运算。"或"运算规则为"有 1 出 1，全 0 出 0"。

```
   X    0001  1001              X    0001  1001
&  Y    0100  1101           |  Y    0100  1101
        0000  1001                   0101  1101
```

图 3-3 按位"与"运算符　　　　　　图 3-4 按位"或"运算符

(3) 按位"异或"运算符"^"

如图 3-5 所示，"^"的功能是对两个二进制数按位进行"异或"运算。"异或"运算规则为"相同为 0，相异为 1"。

(4) 按位"取反"运算符"~"

如图 3-6 所示，"~"的功能是对二进制数按位进行"取反"运算。"取反"运算规则为"有 0 出 1，有 1 出 0"。

```
   X    0001  1001              ~ X   0100  1101
^  Y    0100  1101                    1011  0010
        0101  0100
```

图 3-5 按位"异或"运算符　　　　　　图 3-6 按位"取反"运算符

(5) 左移运算符"<<"

如图 3-7 所示，"<<"运算符的功能是将一个二进制数的各位全部左移若干位，移位过程中，高位丢弃，低位补 0。

(6) 右移运算符">>"

如图 3-8 所示，">>"运算符的功能是将一个二进制数的各位全部右移若干位，最高位为 0 的数在移位过程中，低位丢弃，高位补 0；最高位为 1 的数在移位过程中，低位丢弃，高位补 1。

```
                                 X>>2  0100  1101
                                       0001  0011

X<<1   1100  1101                Y>>2  1100  1101
       1001  1010                      1111  0011
```

图 3-7 左移运算符　　　　　　图 3-8 右移运算符

5. 复合赋值运算符

复合赋值运算符就是在赋值运算符"="的前面加上其他运算符。复合赋值运算符如表 3-6 所示。

表 3-6 复合赋值运算符

运算符	含义	运算符	含义
+=	加法赋值	>>=	右移位赋值
-=	减法赋值	&=	逻辑与赋值
*=	乘法赋值	|=	逻辑或赋值
/=	除法赋值	^=	逻辑异或赋值
%=	取模赋值	-=	逻辑非赋值
<<=	左移位赋值		

复合运算的一般形式为

变量　复合赋值运算符　表达式

其含义是变量与表达式先进行运算符所要求的运算，再把运算结果赋值给参与运算的变量。其实，这是 C 语言中简化程序的一种方法，凡是二目运算都可以用复合赋值运算符去简化表达。例如：

a+=56 等价于 a=a+56

y/=x+9 等价于 y=y/（x+9）

很明显，采用复合赋值运算符会降低程序的可读性，但这样却可以使程序代码简单化，并能提高编译的效率。

项目任务

任务一　两个 LED 彩灯闪烁

任务描述

控制 2 个 LED 彩灯闪烁，要求亮 1 s，灭 1 s。

任务分析

编写程序控制实验板上的 LED1 和 LED2 的亮、灭状态，使它们以流水灯方式进行工作，即实验板通电后两个发光二极管以下述方式工作：

1）通电后 LED1 和 LED2 都熄灭。

2）延时一段时间后 LED1 点亮。

3)延时一段时间后 LED2 点亮,此时 LED1 和 LED2 都处在点亮状态。

4)延时一段时间后 LED1 熄灭。

5)延时一段时间后 LED2 熄灭,此时 LED1 和 LED2 都处在熄灭状态。

6)返回步骤 2 循环执行。

任务实施

如图 3-9 所示,LED1 和 LED2 分别与 P1.0 和 P1.1 相连,电阻 $R8$ 和 $R9$ 为限流电阻,用于保护 LED1 和 LED2。当 P1.0 和 P1.1 输出高电平时,这两个发光二极管就会被点亮,否则就会熄灭。

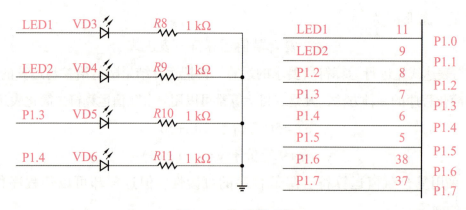

图 3-9 电路原理图

步骤 1:建立工程和源程序文件。

建立工程项目,命名为"单 LED 灯闪烁",建立源程序文件(名称为"flash.c")并添加到该工程项目中。

步骤 2:绘制程序流程图。

根据任务要求绘制程序流程图,如图 3-10 所示。

步骤 3:编写代码。

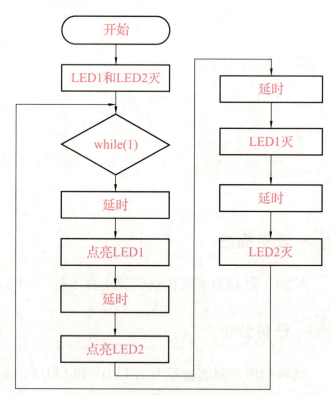

图 3-10 单 LED 灯闪烁程序流程图

参考代码如下：

```
////////////////////////////////////////////////////////////////
1  #include "ioCC2530.h"
2  #define  LED1 (P1_0)              //LED1 端口宏定义
3  #define  LED2 (P1_1)              //LED2 端口宏定义
4  void delay(unsigned int time)
5  {
6      unsigned int i;
7      unsigned char j;
8      for(i=0;i < time;i++)
9      for(j=0;j < 240;j++)
10     {
11         asm("NOP");              //asm 用来在 C 代码中嵌入汇编语言操作，汇
12         asm("NOP");              //编命令 NOP 是空操作，消耗 1 个指令周期
13         asm("NOP");
14     }
15 }
16 void main(void)
17 {
18     P1SEL &= ~0x03;              //设置 P1_0 和 P1_1 为普通 I/O 端口
19     P1DIR |=0x03;                //设置 P1_0 和 P1_1 为输出端口
20     LED1=0;                      //熄灭 LED1
21     LED2=0;                      //熄灭 LED2
22     while(1)                     //程序主循环
23     {
24         delay(1000);             //延时
25         LED1=1;                  //点亮 LED1
26         delay(1000);             //延时
27         LED2=1;                  //点亮 LED2
28         delay(1000);             //延时
29         LED1=0;                  //熄灭 LED1
30         delay(1000);             //延时
31         LED2=0;                  //熄灭 LED2
32     }
33 }
////////////////////////////////////////////////////////////////
```

下面进行代码分析。

1) 引用 CC2530 单片机头文件。

CC2530 单片机的头文件名称为 ioCC2530.h，该文件包含了 CC2530 单片机特殊功能寄存器（SFR）的宏定义名称，如 P1_0 表示 P1 端口的第 0 位，引用的方法如下：

```
#include<ioCC2530.h>
```

【操作提示】如图 3-11 所示，右击该文件名，然后执行 Open 'ioCC2530.h' 命令，则可以查看 CC2530 单片机宏定义的寄存器名称和对应的寄存器地址，如图 3-12 所示。P1 端口的地址为 0x90，是一个 8 位特殊功能寄存器，P1_0~P1_7 是 P1 端口对应的各位名称。

2) 编写延时函数 delay()。

参考代码中第 4~15 行为延时函数。控制流程中通常需要用到延时，因此需要编写一个名为 delay 的延时函数，在需要延时的地方调用该函数即可。该延时函数采用双重循环实现，

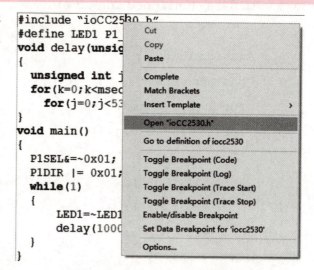

图 3-11 打开文件 ioCC2530.h

通过修改实参值，可以改变延时时间，具体编写方法在项目四中将会详细介绍，这里直接调用即可。

【试一试】如果不调用延时函数，会出现什么现象？

```
IAR Information Center for 8051  ioCC2530.h
133 /* Port 1
134 SFRBIT( P1      , 0x90, P1_7, P1_6, P1_5, P1_4, P1_3, P1_2, P1_1, P1_0 )
135 SFR(   RFIRQF1  , 0x91 )  /* RF Interrupt Flags MSB
136 SFR(   DPS      , 0x92 )  /* Data Pointer Select
137 SFR(   MPAGE    , 0x93 )  /* Memory Page Select
138 SFR(   T2CTRL   , 0x94 )  /* Timer2 Control Register
139 SFR(   ST0      , 0x95 )  /* Sleep Timer 0
140 SFR(   ST1      , 0x96 )  /* Sleep Timer 1
141 SFR(   ST2      , 0x97 )  /* Sleep Timer 2
142
```

图 3-12 头文件 ioCC2530.h 的内容

3) 初始化 I/O 端口。

LED1 和 LED2 分别连接到 P1_0 和 P1_1，需要将这两个 I/O 端口配置成通用 I/O 功能，并将端口的数据传输方向配置成输出。

① 将 P1_0 和 P1_1 设置成通用 I/O。

配置 I/O 端口的工作模式，需使用 I/O 端口选择寄存器 PxSEL，该寄存器的描述如表 3-7 所示。其中，"0"表示通用 I/O 端口，"1"表示外设 I/O 端口，系统复位后自动配置为通用 I/O 端口。

表 3-7　PxSEL 寄存器的描述

位	名称	复位值	操作	描述
7：0	SELPx [7：0]	0x00	R/W	设置 Px_7~Px_0 的功能 0：对应端口为通用 I/O 功能 1：对应端口为外设 I/O 端口

这里的"x"是指要使用的端口编号，任务中使用的是 P1 端口的两个位，所以在编程时寄存器的名字应该是 P1SEL。将 P1_0 和 P1_1 配置为通用 I/O 功能，就是将 P1SEL 寄存器中的第 0 位和第 1 位配置为 0，配置方法如下：

```
P1SEL &= ~0x03;          //配置 P1_0 和 P1_1 为普通 I/O 端口
```

【思考】为何要采用按位取反运算符"~"和复合赋值运算符"&="？

此处使用按位取反运算符"~"，对 0x03 取反，这样配置某一位看得比较清楚，然后使用复合赋值运算符"&="进行按位与运算，这样就可以将某一位清零，且不影响其他位。

②将 P1_0 和 P1_1 配置为输出端口。

配置 I/O 端口的方向，需使用 I/O 方向寄存器 PxDIR，该寄存器的描述如表 3-8 所示。其中，"0"表示输入，"1"表示输出，系统复位后自动配置为输入 I/O 端口。

表 3-8　PxDIR 寄存器的描述

位	名称	复位值	操作	描述
7：0	DIRPx [7：0]	0x00	R/W	设置 Px_7~Px_0 的功能 0：对应端口为输入口 1：对应端口为输出端

若要将 P1_0 和 P1_1 设置成输出端口，则需要 P1DIR 寄存器中的第 0 位和第 1 位配置为 1，配置方法如下：

```
P1DIR |=0x03;            //设置 P1_0 口和 P1_1 口为输出口
```

【思考】为何要采用复合赋值运算符"|="？

此处使用复合赋值运算符"|="对寄存器 P1DIR 进行按位或操作，可将某一位配置为 1，且不影响其他位。

③熄灭 LED1 和 LED2。

根据电路连接可知，要熄灭 LED 只需让对应的 I/O 端口输出为 0 即可，在将对应端口设置成通用输出口后，可采用以下代码来实现：

```
LED1=0;                  //熄灭 LED1
LED2=0;                  //熄灭 LED2
```

4）设计主功能代码。

参考代码中的第 22 行~第 32 行为主功能代码，在无限循环中被反复执行。首先点亮 LED1，然后延时 1s，再点亮 LED2，继续延时 1s，然后再依次熄灭 LED1 和 LED2，中间也调用延时 1s 的延时函数。

【思考】为何要调用延时函数进行延时？

人眼具有视觉暂留效应，如果没有延时函数进行延时，或者延时时间很短，此时两个 LED 灯所发出的光就会被混合，进而形成全亮的假象。

步骤 4：下载并调试程序。

单击菜单中的命令按钮或按下快捷键，则可以编译并下载该程序，观察开发板上两个 LED 灯的闪烁效果。

【试一试】修改延时函数的实参值，观察两个 LED 灯的闪烁效果。

任务二　四个彩灯同时闪烁

任务描述

四个 LED 灯同时闪烁。

任务实施

步骤 1：绘制程序流程图（同任务一）。

步骤 2：编写代码。

参考代码如下：

```
/////////////////////////////////////////////////////////////////
#include "ioCC2530.h"           //引用CC2530头文件
/* * * * * * * * * * * * * * * * * * * * * * * * * * * * * * * *
函数名称:delay
功能:软件延时
入口参数:time—延时循环执行次数
出口参数:无
返回值:无
 * * * * * * * * * * * * * * * * * * * * * * * * * * * * * * * /
void delay(unsigned int time)
```

```c
{
    unsigned int i;
    unsigned char j;
    for(i=0;i < time;i++)
    for(j=0;j < 240;j++)
    {
        asm("NOP");              //asm用来在C代码中嵌入汇编语言操作,汇
        asm("NOP");              //编命令NOP是空操作,消耗1个指令周期
        asm("NOP");
    }
}
/* * * * * * * * * * * * * * * * * * * * * * * * * * * * * * * * * * * * *
函数名称:main
功能:程序主函数
入口参数:无
出口参数:无
返回值:无
* * * * * * * * * * * * * * * * * * * * * * * * * * * * * * * * * * * * */
void main(void)
{
    P1SEL &= ~0xff;              //设置P1端口所有位为普通I/O端口
    P1DIR |= 0xff;               //设置P1端口所有位为输出端口
    while(1)                     //程序主循环
    {
        P1 = ~P1;                //P1口输出状态反转
        delay(1000);             //延时
    }
}
////////////////////////////////////////////////////////////////////////////
```

步骤 3：下载并调试程序，请自行完成。

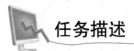 **任务三** LED 交替闪烁

任务描述

编写程序，控制 CC2530 单片机开发板上的 LED1 和 LED2 两个发光二极管交替闪烁。

任务实施

步骤 1：搭建系统，分析 LED 交替闪烁电路。

CC2530 单片机开发板上的 LED 交替闪烁电路原理图如图 3-13 所示，LED1（VL1）和 LED2（VL2）分别由 P1.0 和 P1.1 控制，当端口输出高电平时，发光二极管将被点亮。

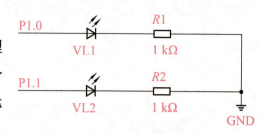

图 3-13　CC2530 单片机开发板上的 LED 交替闪烁电路原理图

步骤 2：I/O 端口配置。

1）I/O 端口功能选择。

将 P1.0 和 P1.1 配置为 GPIO，即 P1SEL &= ~0x03。但其实也不用配置，因为当芯片复位时，默认为 GPIO。

2）I/O 端口方向选择。

将 P1.0 和 P1.1 配置输出方式，即 P1DIR |= 0x03。

步骤 3：新建工作区、工程和源文件，并对工程进行相应配置。

步骤 4：编写、分析、调试程序。

1）编写程序。

在编程窗口输入如下代码：

```
////////////////////////////////////////////////////////////////////////
1 #include "ioCC2530.h"
2 #define LED1(P1_0)                  //P1.0 控制 LED1 发光二极管
3 #define LED2(P1_1)                  //P1.1 控制 LED2 发光二极管
4 //************************************************************
5 void delay(unsigned int i)
6 {
7     unsigned int j,k;
8     for(k=0;k<i;k++)
9     {
10        for(j=0;j<500;j++)
11    }
12 }
13 //************************************************************
14 void main(void)
15 {
16     P1SEL &=~0x03;                  //设置 P1.0 和 P1.1 为 GPIO
17     P1DIR |=0x03;                   //定义 P1.0 和 P1.1 为输出端口
```

项目三　LED流水灯——CC2530单片机I/O端口应用1　51

```
18      P1 &=  ~0x03;                    //关闭LED1和LED2
19      while(1)
20      {
21          LED1=1;                      //点亮LED1
22          LED2=0;                      //熄灭LED2
23          delay(1000);                 //延时
24          LED1=0;                      //熄火LED1
25          LED2=1;                      //点亮LED2
26          delay(1000);                 //延时
27      }
28  }
////////////////////////////////////////////////////////////////////
```

2）下载并调试程序。

编译无错后，下载程序，可以看到两个LED灯交替闪烁。

拓展任务

1. 将彩灯闪烁速度提高一倍

要求：绘制程序流程图，编写C语言源程序，使用仿真软件进行调试，验证其功能，完成表2-9。

操作提示：修改延时时间。

表2-9　编写将彩灯闪烁速度提高一倍的程序

程序流程图	C语言源程序	程序注释

2. 间隔闪烁（先1、3灯闪烁，再2、4灯闪烁）

要求：绘制程序流程图，编写C语言源程序，使用仿真器进行调试，验证其功能，完成表2-10。

表 2-10　编写间隔闪烁的程序

程序流程图	C 语言源程序	程序注释

任务四　LED 呼吸灯

任务描述

LED1 和 LED2 同时从最暗到最亮，再逐渐变暗，循环往复。

任务分析

在保持 LED 灯的呼吸周期 T 不变的情况下，通过修改 LED 灯点亮时长（$t1$）和熄灭时长（$t2$）的比例，即可调整其亮度，如图 3-14 所示。修改 delay（t）函数的延时时间参数 t，即可修改 LED 灯点亮和熄灭的时长。

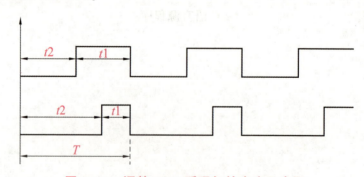

图 3-14　调整 LED 呼吸灯的亮度示意图

任务实施

步骤 1：绘制程序流程图

图 3-15 为 LED 呼吸灯主函数流程图。

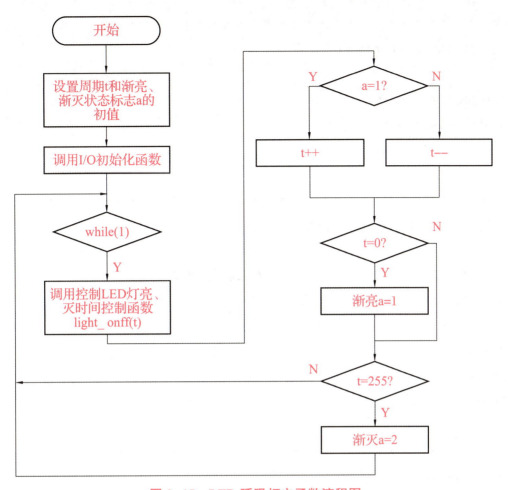

图 3-15　LED 呼吸灯主函数流程图

步骤 2：编写代码。

参考代码如下：

```
////////////////////////////////////////////////////////////////
#include "ioCC2530.h"
#define LED1 (P1_0)             // P1_0 定义为 P1_0
#define LED2 (P1_1)             // P1_0 定义为 P1_1
#define SW1  (P1_2)             //SW1 端口宏定义

/* * * * * * * * * * * * * * * * LED1 初始化部分 * * * * * * * * * * * * * * * */
void initLed()
{
    P1SEL &= ~0x1b;             //设置 P1_0 为普通 I/O 端口
    P1DIR |= 0x1b;              //设置 P1_0 为输出端口
    LED1 = 0;                   //熄灭 LED1
    LED2 = 0;                   //熄灭 LED2
}
```

```c
/****************************************************/
void delay(unsigned char t)
{
    unsigned char i,j;
    for(i=0;i<t;i++)
    for(j=0;j<10;j++)
}
/****************************************************/
void light_onff(unsigned char t)
{
    LED1=1;                       //控制亮的部分
    LED2=1;
    delay(t);
    LED1=0;                       //控制灭的部分
    LED2=0;
    delay(255-t);
}
/****************************************************/
void main(void)
{
    unsigned char t=0;            //t 为周期,t 值越大,LED 越亮
    unsigned char a=1;            //a=1 渐亮,a=2 渐灭
    initLed();                    //调用初始化函数
    while(1)
    {
        light_onff(t);
        if(a==1)
        t++;
        else
        t--;
        if(t==0)
        a=1;
        if(t==255)
        a=2;
    }
}
////////////////////////////////////////////////////////////////
```

步骤3：下载并调试程序，请自行完成。

【试一试】调整 LED 呼吸灯的呼吸频率，使其呼吸频率加快或变慢。

 拓展任务

设计一个 LED 流水彩灯，要求从左至右依次点亮，最后全亮，然后全灭，再循环完成上述功能，完成表 2-11。

表 2-11　编写 LED 流水彩灯的程序

程序流程图	C 语言源程序	程序注释

项目小结

本项目介绍了 CC2530 单片机 I/O 端口的初始化方法、I/O 端口选择寄存器 PxSEL 和 I/O 端口方向设置寄存器 PxDIR 的配置方法，以及利用 C 语言丰富的位操作语句来操控 I/O 端口的方法。

项目评价

对本项目学习效果进行评价，完成表 2-12。

表 2-12　项目评价反馈表

评价内容	分值	自我评价	小组评价	教师评价	综合	备注
任务一	15					
任务二	15					
任务三	20					
任务四	20					
拓展任务	10					
职业素养	20					

续表

合计	100					
取得成功之处						
有待改进之处						
经验教训						

习 题

一、单选题

1. CC2530 单片机具有（　　）个可编程 I/O 端口。

   A. 16　　　　　　B. 21　　　　　　C. 40　　　　　　D. 80

2. 下列 C 语言的用户标识符中，合法的是（　　）。

   A. num　　　　　B. 3name　　　　C. b-a　　　　　D. int

3. 若有定义"int a，b=1;"，则错误的赋值语句是（　　）。

   A. a+=b+=3;　　　B. a=b++=3;　　　C. a=++b;　　　　D. a=b--;

4. CC2530 单片机控制代码"P1DIR |=0x03; P1=0x02;"实现的最终功能是（　　）。

   A. 让 P1.0 和 P1.1 输出高电平

   B. 让 P1.0 和 P1.1 输出低电平

   C. 让 P1.0 输出高电平、P1.1 输出低电平

   D. 让 P1.0 输出低电平、P1.1 输出高电平

5. 用来配置 CC2530 单片机的 P1 端口数据传输方向的寄存器是（　　）。

   A. P1　　　　　　B. P1DIR　　　　C. P1SEL　　　　D. P1INP

6. 若有"int a=3，b=4;"，则条件表达式"a>b? 8：9"的值是（　　）。

   A. 3　　　　　　　B. 4　　　　　　C. 8　　　　　　D. 9

7. P1DIR &= ~0x04，可以完成如下（　　）操作。

   A. 把 P1_0 设置为输出模式　　　　　B. 把 P1_2 设置为输入模式

   C. 把 P1_1 设置为输出模式　　　　　D. 把 P1_3 设置为输入模式

8. 图 3-16 所示电路原理图中，要点亮 LED1，CC2530 单片机正确的编程代码为（　　）。

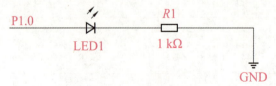

图 3-16　电路原理图

   A. P1DIR &= ~0x01; P1_0=1;　　　　B. P1DIR &= ~0x01; P1_0=0;

C. P1DIR |=0x01；P1_0=1；　　　　　　D. P1DIR |=0x01；P1_0=0；

9. 在 CC2530 单片机中有 3 组 I/O 端口，配置 I/O 端口引脚为输出方向的寄存器是（　　）。

A. PxIEN　　　　B. PxSEL　　　　C. Px　　　　D. PxDIR

10. 位运算在单片机编程中经常用到，C 语言中要获得无符号数 0x0738 的高 8 位的值，正确的运算是（　　）。

A. 0x0738&FFFF>>8　　　　　　　B. （0x0738&F0F0）>>8
C. （0x0738&FF00）>>8　　　　　D. （0x0738&00FF）>>8

11. 在 CC2530 单片机中，对于 P0SEL 寄存器说法正确的是（　　）。

A. P0SEL=0x01 与 P0SEL&=0x01 效果一样

B. 通过对 P0SEL 赋值，只能对 I/O 端口某个位的功能进行设置

C. 通过对 P0SEL 赋值，能对 I/O 端口的多个位的功能进行设置

D. P0SEL=0x01 与 P0SEL|=0x01 效果一样

二、多选题

1. 下列 CC2530 单片机的 I/O 端口中，有 8 个引脚的是（　　）。

A. P0　　　　B. P1　　　　C. P2　　　　D. P3

2. 以下寄存器中，（　　）是 CC2530 单片机端口 1 的配置寄存器。

A. P0DIR　　　B. P0SEL　　　C. P1DIR　　　D. P1SEL

3. 代码"P1SEL&=~0x07；P1DIR &=~0x04；P1DIR |=0x03；"可以完成如下（　　）操作。

A. 把 P1_0 设置为输出模式　　　　B. 把 P1_2 设置为输入模式

C. 把 P1_1 设置为输出模式　　　　D. 把 P1_3 设置为输入模式

4. CC2530 单片机中具有的 20 mA 驱动能力的端口是（　　）。

A. P1_0　　　B. P1_1　　　C. P0_0　　　D. P0_1

三、简答题

1. 将 P1 端口的 P1.0、P1.1 和 P1.3 配置为通用输出端口，P1.2 配置为通用输入端口，请写出配置代码。

2. 将 P1 端口的高 4 位（P1.7~P1.4）配置为通用输入端口，低 4 位（P1.3~P1.0）配置为通用输出端口，请写出配置代码。

项目四

按键控制 LED 灯——CC2530 单片机 I/O 端口应用 2

 项目描述

目前市场上有许多触摸式按键控制的 LED 灯，如图 4-1 所示，用户可通过触摸式按键调节 LED 灯的亮度。本项目的任务是采用 CC2530 单片机开发板上面的按键来控制 LED 灯的亮度。

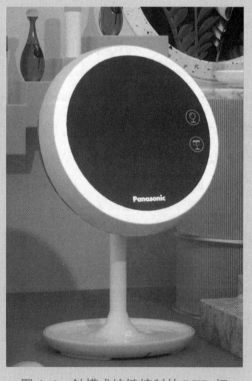

图 4-1 触摸式按键控制的 LED 灯

项目四　按键控制 LED 灯——CC2530 单片机 I/O 端口应用 2

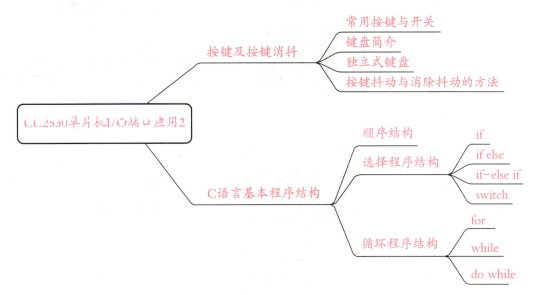

【知识目标】

1）了解常见按键与键盘结构。

2）掌握按键消抖的工作原理。

【技能目标】

会编写按键控制和按键消抖程序。

【素养目标】

1）培养沟通交流及团队合作意识。

2）养成规范操作的职业习惯。

3）培养精益求精的工匠精神。

 设备及材料准备

CC2530 开发板 1 套，CC Debugger 仿真器 1 套，计算机 1 台。

 相关知识

一、按键及按键消抖

1. 常用按键与开关

按键与开关在电路中用字母"S"（旧标准用"K"）表示。表 4-1 为常用按键与开关的电气符号、实物图及其应用场合。

表 4-1　常用按键与开关的电气符号、实物图及其应用场合

开关名称	电气符号	实物图片	应用场合
自锁按键			按钮按功能与用途可分为启动按钮、复位按钮、自锁按钮等
钮子开关	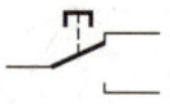		钮子开关常用于电源开关、设备的启停；触点有单刀、双刀和三刀等类型；接通状态有单掷和双掷两种
拨码开关	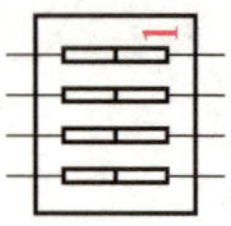		用于设置电器设备的参数，如步进电动机驱动器中的 DIP 开关可以设置其工作电流和步距角细分数
微动开关	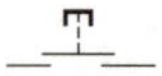		微动开关应用于需频繁切换工作状态的电路中
拨动开关	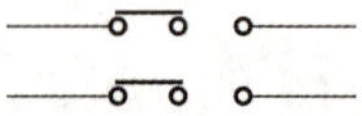		拨动开关是通过拨动开关手柄来带动滑块或滑片滑动，从而控制开关触点的接通与断开

2. 键盘简介

键盘是单片机应用系统中最常用的输入设备之一，它是由若干按键按照一定规则组成的，每一个按键实际上是一个开关元件，按照构造可分为有触点开关按键和无触点开关按键两类。有触点开关按键有机械开关、微动开关、导电橡胶等；无触点开关按键有电容式按键、光电式按键和磁感应按键等。目前在单片机应用系统中，主要采用独立式键盘和行列矩阵式键盘。独立式键盘适用于按键数目少于 8 个的场合，行列矩阵式键盘适用于按键数目大于 8 个的场合。

独立式键盘的每个按键占用一个 I/O 端口，如图 4-2 所示，当某一按键被按下时，该键所对应的 I/O 端口电平将由高电平变为低电平。相反，如果检测到某 I/O 端口为低电平，则可判断出该端口线对应的按键被按下。其特点如下：

1）各按键相互独立，电路配置灵活；

2）按键数量较多时，会占用较多的 I/O 端口，电路结构过于复杂，成本过高；

3) 结构简单，适用于按键数量较少的场合。

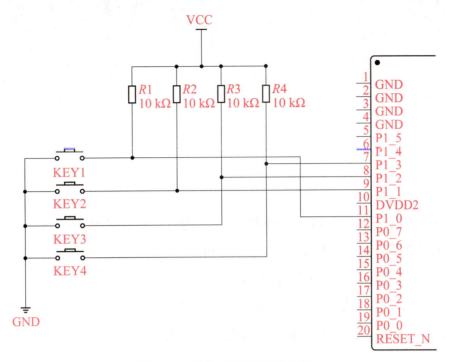

图 4-2 独立式键盘接口电路

3. 按键抖动与消除抖动的方法

单片机应用系统中键盘通常是由机械触点构成的，按下键盘中某一个键时，会产生抖动，抖动时间一般为 5~10 ms，如图 4-3 所示。抖动现象会引起单片机对一次按键操作进行多次处理，从而可能产生错误操作。消除抖动，可以采用硬件消抖，也可以采用软件消抖。其中，软件消抖成本低，效果好，是目前单片机应用系统中普遍采用的消抖方法。

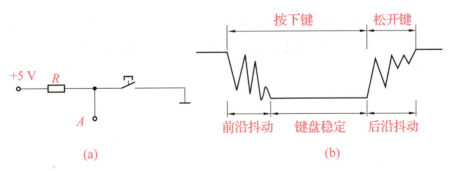

图 4-3 键操作和按键抖动示意图

（a）键输入；（b）键抖动

具体方法：检测到按键被按下后，执行延时 10 ms 子程序，避开按键按下时的抖动时间，然后再确认该键是否确实被按下，就可以消除抖动影响。

编程实例：

```
if(key==0)
{
    delay(10);            //延时 10 ms 消抖
```

```
        if(key==0)
        {
            ...
        }
}
```

二、C语言基本程序结构

1. 概述

一个完整的C语言程序是由若干条语句按一定的方式组合而成的。按C语言语句执行方式的不同可以分为顺序语句、选择语句和循环语句。

1）顺序语句：指程序从上向下逐条执行。

2）选择语句：指程序根据条件选择相应的执行顺序。

3）循环语句：指程序根据某一条件的存在重复执行同一个程序段，直到这个条件不满足为止。

此外，还有表达式语句、函数调整用语句、空语句和复合语句等。

1）表达式语句。表达式语句由一个表达式和一个分号构成，如：

```
s=y+z;
```

2）函数调用语句。函数调用语句指调用已经定义过的函数（或内置的库函数），如延时函数delay()。

3）空语句。空语句指在C语言程序中只写一个";"表示什么也不做，常用于延时等待。

4）复合语句。用"{}"将一组语句括起来就构成了复合语句。

2. 选择程序结构

（1）基本if语句

基本if语句的格式如下：

```
if(表达式)
{
    语句组;
}
```

（2）if else语句

if else语句的格式如下：

```
if(表达式)
{
    语句组1;
```

```
    }
    else
    {
        语句组 2;
    }
```

(3) if-else if 多条件分支语句

if-else if 多条件分支语句的格式如下:

```
if(表达式 1)
{
    语句组 1;
}
else if(表达式 2)
{
    语句组 2;
}
    ⋮
else if(表达式 n)
{
    语句组 m;
}
else                        //以上所有条件均不成立,则执行语句组 m+1
{
    语句组 m+1;
}
```

(4) switch 语句

if 语句一般用于单条件判断或分支数目较少的场合,如果 if 语句嵌套层数过多,就会降低程序的可读性。C 语言提供了一种专门用来完成多分支选择的语句即 switch 语句,其格式如下:

```
switch(表达式)
{
    case 常量表达式 1:语句组 1;break;
    case 常量表达式 2:语句组 2;break;
        ⋮
    case 常量表达式 n:语句组 m;break;
    default:语句组 n+1;
}
```

该语句执行过程如下：首先计算表达式的值，并逐个与 case 语句后的常量表达式的值相比较，当表达式的值与某个常量的值相等时，则先执行对应该常量表达式后的语句组，再执行 break 语句，然后跳出 switch 语句，继续执行后面的语句。当表达式的值与所有 case 语句后的常量表达式的值均不相同时，则执行 default 后面的语句组 $n+1$。

3. 循环程序结构

循环语句的作用是用来实现需要反复执行多次的操作。例如，一个晶振频率为 12 MHz 的单片机应用系统中要求实现 1 ms 的延时，那么就要执行 1 000 次空语句才可以达到延时的目的（当然可以使用定时器来做，这里暂不讨论），如果是写 1 000 条空语句那是非常麻烦的事情，再者就是要占用很多存储空间。换个角度来看，这 1 000 条空语句无非就是一条空语句重复执行 1 000 次，因此可以用循环语句来写，这样不但能使程序结构清晰明了，而且能使其编译的效率大大提高。在 C 语言中，构成循环控制的语句有 for、while、do while 和 goto 语句。下面主要介绍前 3 种循环控制语句。

（1）for 语句

for 语句可以使程序按指定的次数重复执行一个语句组，其格式如下：

```
for(初始化表达式;条件表达式;增量表达式)
{
    语句组;
}
```

for 语句的执行过程：首先在初始化表达式中设置循环变量的初始值，然后求解条件表达式的值，其值如果为"真"，则执行 for 后面的语句；其值如果为"假"，那么跳过 for 循环语句；如果条件表达式为"真"，则在执行完指定的语句组之后，执行增量表达式。

例如，前面我们用到的 delay() 函数就是采用 for 语句编写而成的，编写程序如下：

```
void delay(uchar ms)
{
    uchar i,j;
    for(i=0;i<k;i++)
    for(j=0;j<125;j++)
    ;
}
```

delay() 采用了两重循环，外层循环的循环变量 i 的初始值为 0，可以执行 k 次（i=0~ms-1）循环体中的语句；内层循环的循环变量 j 的初始值为 0，可以执行 125 次空操作（j=0~124），执行 125 次空操作所消耗的时间大约为 1 ms，所以该延时函数可以延时 k ms。

（2）while 语句

while 语句的格式如下：

```
while(表达式)
{
    语句组;
}
```

while 语句的执行过程:首先判断表达式是否为"真",若为"真",则执行循环体中的语句组;否则,跳出循环体,执行后面的操作。

上述延时函数可以用 while 语句改写为如下程序段:

```
void delay(uchar ms)
{
    uchar i=125;
    while(k--)
    while(i--);
    ;
}
```

(3) do while 语句

do while 语句格式如下:

```
do
{
    语句组;
}while(表达式);
```

首先执行循环体中的语句组,然后用 while 语句来判断表达式是否为"真",若为"真",则继续执行循环体中的语句组,直到判断表达式为"假"后,跳出循环体,继而执行后面的操作。它与前面的 while 语句的区别是 do while 先执行一遍循环体中的语句组,然后才判断表达式是否为真。

上述延时函数可用 do while 语句改写为如下程序段:

```
void delay(uchar ms)
{
    uchar i=125;
    do
    {
        while(i--);
    }while(k--);
}
```

项目任务

任务一　按键控制 LED 灯

任务描述

初始状态为 LED1 灭，按键按下后，LED1 亮，再次按下 LED1 灭。

任务分析

任务要求使用 SW1 按键对 LED1 进行控制。我们首先需要知道 SW1 按键是如何连接到 CC2530 单片机的，以及 CC2530 单片机是如何从 I/O 端口读取按键的状态。然后，在编写的控制代码中去判断按键的状态，如果 SW1 按键状态为按下，就让 LED1 切换一次亮/灭状态。

任务实施

步骤 1：电路原理图分析。

SW1 与 CC2530 单片机连接电路原理图如图 4-4 所示，SW1 是一个微动开关，$R6$ 是上拉电阻。按键未按下时，CC2530 单片机的 P1.2 为高电平，按键按下后，其为低电平。

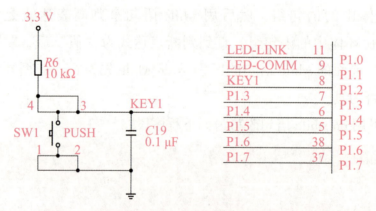

图 4-4　SW1 与 CC2530 单片机连接电路原理图

步骤 2：绘制程序流程图。

图 4-5 为按键控制 LED 灯程序流程图，首先调用 I/O 端口初始化函数，将 P1.0 设置为通用输出端口，P1.2 设置为通用输入端口，然后将 LED1 设置为低电平（灭）。循环实时检测 SW1 是否为低电平，若为低电平，则延时 10 ms 消抖，再次检测 SW1 是否为低电平，若其仍然为低电平，则表示确实有按键被按下，此时将 LED1 的状态取反。

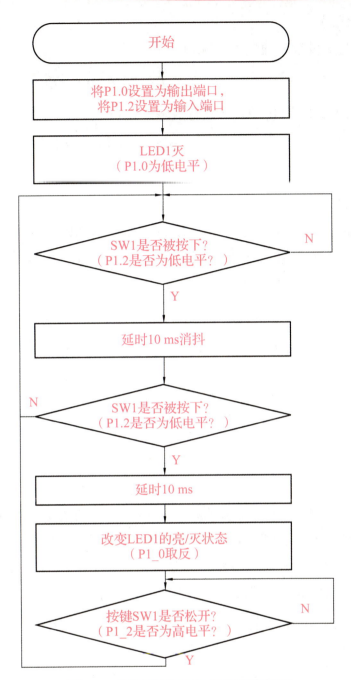

图 4-5　按键控制 LED 灯程序流程图

步骤 3：编写代码。

（1）编写基本代码

1）在代码中引用 ioCC2530.h 头文件。

```
#include "ioCC2530.h"
```

2）将 LED1 和 SW1 使用的 I/O 端口进行宏定义。

```
#define    LED1    (P1_0)         //LED1 端口宏定义
#define    SW1     (P1_2)         //SW1 端口宏定义
```

3）因为按键的软件消抖需要进行延时，所以可直接使用之前的延时函数 delay（）函数。

(2) 编写初始化代码

1) 将 P1_0 和 P1_2 设置成通用 I/O 端口。

```
P1SEL &=~0x05;                    //设置 P1_0 和 P1_2 为通用 I/O 端口
```

2) 将 P1_0 设置成输出端口，P1_2 设置成输入端口。

```
P1DIR |=0x01;                     //设置 P1_0 为输出端口
P1DIR &=~0x04;                    //设置 P1_2 为输入端口
```

3) 设置 P1_2 的输入模式。

设置 I/O 端口的输入模式需使用 PxINP 寄存器，其中 P1INP 寄存器和 P2INP 寄存器的定义一样，如表 4-2 所示。该寄存器中当某位设置成 1 时，对应 I/O 端口使用三态模式；当设置成 0 时，对应 I/O 端口使用上拉或下拉状态。具体是上拉还是下拉，需要在 P2INP 寄存器中设置。

表 4-2 PxINP 寄存器功能表

位	名称	复位值	操作	描述
7：0	MDPx_[7：0]	0x00	R/W	设置 Px_7~Px_0 的 I/O 输入模式 0：上拉或下拉 1：三态

4) 将 LED1 熄灭。

(3) 编写主循环代码

在程序主循环代码中，使用 if 语句来判断 SW1（P1_2）的值是否为 0，如果为 0 则说明按键被按下。接着进行延时和再次判断 SW1 的值是否为 0，以便消除按键抖动。如果最终确定按键被按下，则切换 LED1 的亮/灭状态。最后，为等待按键被抬起，需再次对 SW1 的状态进行判断，如果 SW1 为 0 则说明按键还没被松开，需要执行循环等待。程序主循环代码如下：

```
/////////////////////////////程序主循环///////////////////////////////
while(1)
{
    if(SW1==0)                    //如果按键被按下
    {
        delay(100);               //为消抖进行延时
        if(SW1==0)                //经过延时后按键仍旧处在被按下状态
        {
            LED1=~LED1;           //反转 LED1 的亮灭状态
            while(!SW1);          //等待按键被松开
        }
    }
}
////////////////////////////////////////////////////////////////////
```

全部参考代码如下：

```c
///////////////////////////////////////////////////////////////
#include "ioCC2530.h"                //引用CC2530头文件
#define LED1 (P1_0)                  //LED1端口宏定义
#define SW1 (P1_2)                   //SW1端口宏定义
/* * * * * * * * * * * * * * * * * * * * * * * * * * * * * * * *
函数名称:delay
功能:软件延时
入口参数:time—延时循环执行次数
出口参数:无
返 回 值:无
* * * * * * * * * * * * * * * * * * * * * * * * * * * * * * * */
void delay(unsigned int time)
{
    unsigned int i;
    unsigned char j;
    for(i=0;i < time;i++)
    for(j=0;j < 240;j++)
    {
        asm("NOP");          //asm用来在C语言代码中嵌入汇编语言操作,汇
        asm("NOP");          //编命令NOP是空操作,消耗1个指令周期
        asm("NOP");
    }
}


/* * * * * * * * * * * * * * * * * * * * * * * * * * * * * * * *
函数名称:main
功能:程序主函数
入口参数:无
出口参数:无
返 回 值:无
* * * * * * * * * * * * * * * * * * * * * * * * * * * * * * * */
void main(void)
{
    P1SEL &= ~0x05;          //设置P1_0和P1_2为通用I/O端口
    P1DIR |= 0x01;           //设置P1_0为输出端口
    P1DIR &= ~0x04;          //设置P1_2为输入端口
    P1INP &= ~0x04;          //设置P1_2为上拉或下拉
    P2INP &= ~0x40;          //设置P1端口所有引脚使用上拉
```

```
            LED1=0;                          //LED1 灭

            while(1)                         //程序主循环
            {
                if(SW1==0)                   //如果按键被按下
                {
                    delay(100);              //为消抖进行延时
                    if(SW1==0)               //经过延时后按键仍旧处在被按下状态
                    {
                        LED1=~LED1;          //反转 LED1 的亮/灭状态
                        while(!SW1);         //等待按键被松开
                    }
                }
            }
}
////////////////////////////////////////////////////////////////////////////////
```

步骤 4：调试并下载程序。

【试一试】如果将"while（！SW1）;"删除，观察有什么效果？

 按键控制两个 LED 交替点亮

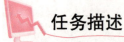 任务描述

按键控制两个 LED 灯交替点亮具体要求如下：
1) 系统复位后 LED1 灭和 LED2 亮；
2) 按下一次 SW1 按键并松开后，LED1 亮、LED2 灭；
3) 再次按下 SW1 按键并松开后，LED1 灭、LED2 亮；
4) 再次按键重复上述过程。

任务分析

将按键进行软件消抖处理，每按下一次按键，松开后，将两个灯的状态取反。

任务实施

步骤 1：编写代码。
参考代码如下：

```c
////////////////////////////////////////////////////////////////////
#include "ioCC2530.h"              //引用CC2530头文件
#define LED1 (P1_0)                //LED1端口宏定义
#define LED2 (P1_1)                //LED2端口宏定义
#define SW1 (P1_2)                 //SW1端口宏定义
/* * * * * * * * * * * * * * * * * * * * * * * * * * * * * * * * * *
函数名称:delay
功能:软件延时
入口参数:time—延时循环执行次数
出口参数:无
返回值:无
* * * * * * * * * * * * * * * * * * * * * * * * * * * * * * * * * */
void delay(unsigned int time)
{
    unsigned int i;
    unsigned char j;
    for(i=0;i<time;i++)
    for(j=0;j<240;j++)
    {
        asm("NOP");      //asm用来在C语言代码中嵌入汇编语言操作,汇
        asm("NOP");      //编命令NOP是空操作,消耗1个指令周期
        asm("NOP");
    }
}


/* * * * * * * * * * * * * * * * * * * * * * * * * * * * * * * * * *
函数名称:main
功能:程序主函数
入口参数:无
出口参数:无
返回值:无
* * * * * * * * * * * * * * * * * * * * * * * * * * * * * * * * * */
void main(void)
{
    P1SEL &= ~0x05;          //设置P1_0和P1_2为通用I/O端口
    P1DIR |= 0x01;           //设置P1_0为输出端口
    P1DIR &= ~0x04;          //设置P1_2为输入端口
    P1INP &= ~0x04;          //设置P1_2为上拉或下拉
    P2INP &= ~0x40;          //设置P1端口所有引脚使用上拉
```

```
        LED1=0;                          //熄灭 LED1
        LED2=1;                          //点亮 LED2
        while(1)                         //程序主循环
        {
            if(SW1==0)                   //如果按键被按下
            {
                delay(100);              //为消抖进行延时
                if(SW1==0)               //经过延时后按键仍旧处在被按下状态
                {
                    LED1=~LED1;          //反转 LED1 的亮/灭状态
                    LED2=~LED2;          //反转 LED2 的亮/灭状态
                    while(!SW1);         //等待按键被松开
                }
            }
        }
}
///////////////////////////////////////////////////////////////////////////////////
```

步骤 2：下载调试程序，请自行完成。

拓展任务

使用按键控制 LED1 的闪烁效果，具体要求如下：
1) 复位后 LED1 熄灭；
2) 第一次按 SW1 按键后，LED1 开始闪烁；
3) 按下一次 SW1 按键后，LED1 停止闪烁并熄灭；
4) 再次按键重复上述过程。

提示：可定义一个变量作为标志位，初值为 0。用 SW1 按键改变该变量的值。然后判断该变量值，当该变量的值为 1 时，LED1 闪烁；当该变量为 0 时，LED1 停止闪烁并熄灭。

任务三　按键控制两位二进制减法计数器

任务描述

按键控制实现两位二进制减法计数功能，具体要求为 11→10→10→01→00→11，每按一次键变化一次，循环往复。

项目四 按键控制 LED 灯——CC2530 单片机 I/O 端口应用 2

任务分析

设置一个标志 flag，初值为 0，每按一次键便加 1，然后根据 flag 的值不断切换 LED1 和 LED2 的状态即可。

任务实施

步骤 1：绘制程序流程图。

两位二进制减法计数程序流程图如图 4-6 所示。

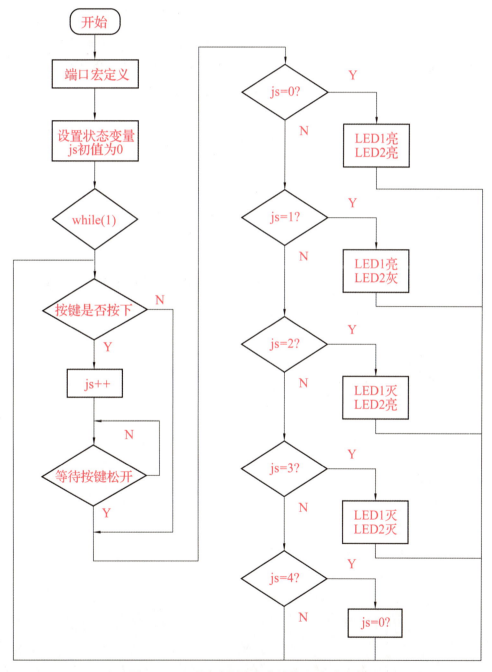

图 4-6 两位二进制减法计数程序流程图

步骤2：编写代码。

参考代码如下：

```
/////////////////////////////////////////////////////////////////
#include "ioCC2530.h"              //引用CC2530头文件
#define LED1 (P1_0)                //LED1端口宏定义
#define LED2 (P1_1)                //LED2端口宏定义
#define SW1  (P1_2)                //SW1端口宏定义
unsigned char js=0;                //状态变量
void main(void)
{
    P1SEL &=~0x07;                 //设置P1_0、P1_1和P1_2为通用I/O端口
    P1DIR |=0x03;                  //设置P1_0和P1_1为输出端口
    P1DIR &=~0x04;                 //设置P1_2为输入端口
    LED1=1;                        //点亮LED1
    LED2=1;                        //点亮LED2
    while(1)                       //程序主循环
    {
        if(SW1==0)                 //如果按键被按下
        {
            delay(100);            //为消抖进行延时
            if(SW1==0)             //经过延时后按键仍旧处在被按下状态
            {
                js++;
                while(!SW1);       //等待按键被松开
            }
        }
        switch(js)
        {
            case 4:js=0;
            case 0:LED1=1;LED2=1;break;
            case 1:LED1=1;LED2=0;break;
            case 2:LED1=0;LED2=1;break;
            case 3:LED1=0;LED2=0;break;
        }
    }
}
/////////////////////////////////////////////////////////////////
```

步骤3：下载并调试程序，请自行完成。

拓展任务

按键控制实现二进制加法计数器功能,具体功能为 00→01→10→11→00,每按一次键变化一次,循环往复,完成表 4-3。思路:设置一个标志 flag,初值为 0,每按一次键便加 1,然后根据 flag 的值切换 LED1 和 LED2 的状态即可。

表 4-3 编写二进制减法计数器的程序

程序流程图	C 语言源程序	程序注释

项目小结

本项目介绍了 CC2530 单片机 I/O 端口的初始化方法、按键的软件消抖方法,以及 C 语言的选择和循环的基本控制语句。

项目评价

对本项目学习效果进行评价,完成表 4-4。

表 4-4 项目评价反馈表

评价内容	分值	自我评价	小组评价	教师评价	综合	备注
任务一	20					
任务二	20					
任务三	20					
拓展任务	20					
职业素养	20					
合计	100					
取得成功之处						
有待改进之处						
经验教训						

习 题

一、单选题

1. 在 C 语言中采用以下(　　)关键字,可以从 switch 语句中跳出。
   A. for　　　　　　B. break　　　　　　C. if　　　　　　D. while

2. 寄存器 P0SEL 可以设置 P0 端口的(　　)。
   A. 功能　　　　　　B. 方向　　　　　　C. 编号　　　　　　D. 大小

3. 将寄存器 P0SEL 的第 6 位、第 3 位和第 2 位清零,同时不影响该寄存器的其他位,在 C 语言中的语句应该是(　　)。
   A. P0SEL |=0x4c;　　　　　　　　　　B. P0SEL |=~0x4c;
   C. P0SEL &=0x4c;　　　　　　　　　　D. P0SEL &=~0x4c;

4. 将 CC2530 单片机的 P1_4、P1_3 和 P1_2 设为输入方向的程序语句的是(　　)。
   A. P1DIR &=~0x1c;　　　　　　　　　B. P1DIR &=0x1c;
   C. P1DIR |=~0x1c;　　　　　　　　　D. P1DIR |=0x1c;

5. 将 CC2530 单片机的 P0_7 和 P0_2 设为通用 I/O 端口的程序语句的是(　　)。
   A. P0SEL &=~0x84;　　　　　　　　　B. P0SEL &=~0x72;
   C. P0SEL |=0x84;　　　　　　　　　　D. P0SEL |=0x72;

二、多选题

1. C 语言中常见的程序结构有(　　)
   A. 顺序程序结构　　B. 简单程序结构　　C. 选择程序结构　　D. 循环程序结构

2. 下面关于 CC2530 单片机端口的说法中,正确的是(　　)。
   A. 每个数字 I/O 端口都可以通过编程对其配置
   B. 可以通过设置寄存器选择端口是通用 I/O 端口还是外设端口
   C. CC2530 单片机一共有 21 个可编程数字 I/O 端口
   D. P0 端口、P1 端口和 P2 端口均有 8 个引脚可以使用

3. P0SEL &=~0x24,可以将(　　)设为通用 I/O 端口。
   A. P0_2　　　　　　B. P0_3　　　　　　C. P0_4　　　　　　D. P0_5

4. 在 C 语言中构成循环控制语句的有(　　)
   A. for　　　　　　B. while　　　　　　C. dowhile　　　　　D. break

5. 在 C 语言中构成选择控制语句的有(　　)
   A. switch　　　　　B. if　　　　　　　C. while　　　　　　D. for

三、简答题

1. 什么是按键抖动?
2. 简述软件消抖的方法。

项目五

人体红外感应控制系统——CC2530 单片机外中断应用

 项目描述

某智慧小区，需要设计一个红外感应控制系统，要求能通过实现"人来灯亮，人走灯灭"的效果，如图 5-1 所示。本项目的主要任务是利用人体热释电红外传感器自动控制室内顶灯的亮/灭。

图 5-1 智慧小区人体红外感应控制系统

学习目标

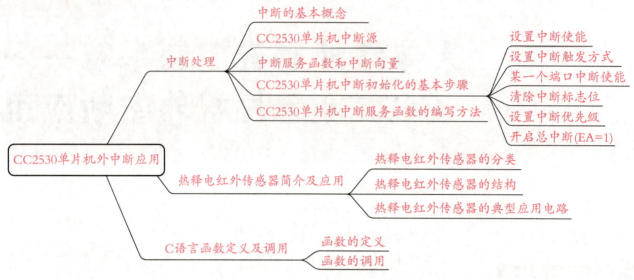

【知识目标】

1) 理解单片机中断的概念和作用。
2) 了解中断请求的处理过程。
3) 掌握CC2530单片机外中断寄存器初始化方法。
4) 掌握CC2530单片机外中断处理函数编写方法。
5) 掌握C语言函数的定义及调用方法。
6) 了解红外热释电传感器的基本结构及应用。

【技能目标】

能熟练编写CC2530单片机外中断程序,实现智能家居自动控制。

【素养目标】

1) 培养沟通交流及团队合作意识。
2) 养成规范操作的职业习惯。
3) 培养精益求精的工匠精神。

设备及材料准备

CC2530单片机开发板1套,CC Debugger仿真器1套,计算机1台。

相关知识

一、中断处理

1. 中断的基本概念

在家中看书，突然门铃响了，放下书，去开门，处理完事情后，回来继续看书；突然手机响了，又放下书，去接听电话，通完话后，回来继续看书。这是生活中的"中断"的现象，也就是说，正常的工作过程被外部的事件打断了。单片机中也有一些可以引起中断的事件。

所谓中断，是指当计算机正常执行程序时，系统中出现某些急需处理的异常情况和特殊请求，这时，CPU 暂时中止现行程序，转去对随机发生的更紧迫的事件进行处理，处理完毕后，CPU 自动返回原来的程序继续执行。中断执行过程示意图如图 5-2 所示。

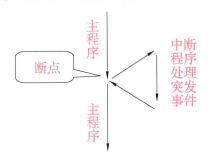

图 5-2 中断执行过程示意图

2. CC2530 单片机中断源

中断源是指任何引起单片机中断的事件。中断源越多，单片机处理突发事件的能力就越强。

CC2530 单片机单片机内部共有 18 个中断源，每个中断源由各自的一系列特殊功能寄存器来进行控制。可以编程设置相关特殊功能寄存器，从而设置 18 个中断源的优先级以及使能中断申请响应等。CC2530 单片机常用的中断源如表 5-1 所示。

表 5-1 CC2530 单片机常用的中断源

中断号	中断源名称	中断向量	中断源的作用
0	RFERR	03h	RF TX FIFO 下溢或 RX FIFO 溢出
1	ADC	0Bh	A/D 转换结束
2	URX0	13h	USART0 RX 接收完成
3	URX1	1Bh	USART1 RX 接收完成
4	ENC	23h	AES 加密/解密完成
5	ST	2Bh	睡眠计时器比较
6	P2INT	33h	端口 2 输入/USB
7	UTX0	3Bh	USART0 TX 发送完成
8	DMA	43h	DMA 传送完成
9	T1	4Bh	定时器 1（16 位）捕获/比较/溢出
10	T2	53h	定时器 2
11	T3	5Bh	定时器 3（8 位）捕获/比较/溢出

续表

中断号	中断源名称	中断向量	中断源的作用
12	T4	63h	定时器4（8位）捕获/比较/溢出
13	P0INT	6Bh	端口0输入
14	UTX1	73h	USART 1 TX 发送完成
15	P1INT	7Bh	端口1输入
16	RF	83h	RF 通用中断
17	WDT	8Bh	看门狗计时溢出

3. 中断服务函数和中断向量

（1）中断服务函数

中断服务函数是 CPU 响应中断后执行的相应处理程序。

（2）中断向量

中断向量是中断服务程序的入口地址。每个中断源都对应一个固定的入口地址。当 CPU 响应中断请求时，就会暂停当前的程序执行，然后跳转到该入口地址执行代码。

4. CC2530 中断初始化的基本步骤

CC2530 单片机中断初始化步骤如图 5-3 所示。

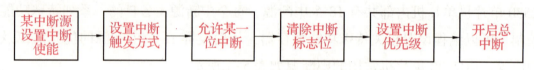

图 5-3　CC2530 单片机中断初始化步骤

（1）设置中断使能

中断使能寄存器 IEN0~IEN2 分别如表 5-2~表 5-4 所示。每个中断请求均可以通过设置中断使能寄存器 IENx 的对应中断使能位使能或禁止中断，"0"表示禁止该中断源中断，"1"表示允许该中断源中断。寄存器复位后所有位均将被清零。

表 5-2　中断使能寄存器 IEN0

EA	—	STIE	ENCIE	URX1IE	URX0IE	ADCIE	RFERRIE
全局中断	—	睡眠定时器中断使能	AES加密/解密中断使能	USART 1 RX 中断使能	USART 0 RX 中断使能	ADC 中断使能	RF TX/RX FIFO 中断使能

表 5-3　中断使能寄存器 IEN1

—	—	P0IE	T4IE	T3IE	T2IE	T1IE	DMAIE
—	—	端口0中断使能	定时器4中断使能	定时器3中断使能	定时器2中断使能	定时器1中断使能	DMA 传输中断使能

项目五 人体红外感应控制系统——CC2530 单片机外中断应用

表 5-4 中断使能寄存器 IEN2

—	—	WDTIE	P1IE	UTX1IE	UTX0IE	P2IE	RFIE
—	—	看门狗定时器中断使能	端口 1 中断使能	USART 1 TX 中断使能	USART 0 TX 中断使能	端口 2 中断使能	RF 中断使能

（2）设置中断触发方式

中断边缘寄存器 PICTL 如表 5-5 所示，用于设置中断触发方式，其中"0"表示上升沿触发中断，"1"表示下降沿触发中断。

表 5-5 中断边缘寄存器 PICTL

位	名称	描述
7：4	—	未使用
3	P2ICON	端口 2，第 4 位到第 0 位中断触发方式设置
2	P1ICONH	端口 1，第 7 位到第 4 位中断触发方式设置
1	P1ICONL	端口 1，第 3 位到第 0 位中断触发方式设置
0	P0ICON	端口 0，第 7 位到第 0 位中断触发方式设置

（3）某一个端口中断使能

端口 0 中断屏蔽寄存器 P0IEN～端口 2 中断屏蔽寄存器 P2IEN 分别如表 5-6～表 5-8 所示。

表 5-6 端口 0 中断屏蔽寄存器 P0IEN

位	名称	复位	R/W	描述
7：0	P0_[7：0] IEN	0x00	R/W	P0.7~P0.0 中断使能 0：中断禁用 1：中断使能

表 5-7 端口 1 中断屏蔽寄存器 P1IEN

位	名称	复位	R/W	描述
7：0	P1_[7：0] IEN	0x00	R/W	P1.7~P1.0 中断使能 0：中断禁用 1：中断使能

表 5-8 端口 2 中断屏蔽寄存器 P2IEN

位	名称	复位	R/W	描述
7：0	P2_[7：0]IEN	0x00	R/W	P2.7~P2.0 中断使能 0：中断禁用 1：中断使能

（4）清除中断标志位

中断标志寄存器 P0IF 如表 5-9 所示。

表 5-9 中断标志寄存器 P0IF

位	名称	复位	R/W	描述
7：0	P0IF[7：0]	0x00	R/W0	P0.7~P0.0 输入中断状态标志 当端口 0 的某一位有中断请求时，其相应标志位置 1

（5）设置中断优先级

端口 x 中断优先级寄存器 IPx，如果仅有一个中断源可不设置。

（6）开启总中断（EA=1）

设置 IEN0 寄存器中的 EA 位为 1，使能全局中断。

5. CC2530 单片机中断服务函数的编写方法

中断服务函数的结构如下：

```
#pragma vector=P0INT_VECTOR
__interrupt void P0_ISR(void)
{
    //中断处理代码
    //清中断标志位
}
```

其中，第一行"#pragma vector=P0INT_VECTOR"的作用是用于定义中断向量，即说明中断服务函数的入口地址，此处的"P0INT_VECTOR"表示 P0 端口的中断向量。

中断服务函数名称前的"__interrupt"的含义是该函数为中断服务函数，中断服务函数没有返回值，同时也没有参数。

注意：中断请求一旦响应，中断标志位会自动置 1，在中断服务函数的函数体中需要由用户手动清除该中断标志，以便能够响应下一次中断，否则该中断服务函数只能被执行一次。

二、热释电红外传感器简介及应用

自然界中的物体，如人体、动物、火焰等都会发出红外线，红外传感器可以检测这些物体所发射的红外线。采用红外检测的优点是红外线不受可见光的影响，可不分昼夜进行检测；被测对象自身发射红外线，不必另设电源。

1. 热释电红外传感器的分类

传感器可分为热型和量子型两种类型。热型又称为热释电或被动式红外传感器，其响应红外线的范围宽、成本低，适合常温使用，在报警、防盗等领域应用比较广泛。量子型响应红外线的波长范围窄，价格较贵，要求保持在一定温度下使用，其优点是灵敏度高、响应速度快。本书主要介绍热释电红外传感器。

2. 热释电红外传感器的结构

热释电红外传感器外形及引脚如图 5-4 所示。热释电红外传感器有 3 个引脚，分别为 D 脚（漏极）、G 脚（栅极）和 S 脚（源极），其中 D 脚接电源正极，G 脚接电源负极，S 脚为信号输出端。使用时，需要在传感器的外部罩上菲涅尔透镜，如图 5-5 所示，菲涅尔透镜可有效增加传感器的感应距离。实验证明，不加菲涅尔透镜的传感器的检测距离为 2 m 左右，加上透镜后，其有效检测距离可达到 12~15 m。

图 5-4 热释电红外传感器外形及引脚

图 5-5 菲涅尔透镜

3. 热释电红外传感器的典型应用电路

热释电红外传感器的输出信号比较弱，一般配套集成电路芯片完成信号的整形和放大。SP014 是一款热释电红外传感器模拟前端专用芯片，该芯片共有 14 个引脚，采用 SOP14 贴片封装，如图 5-6 所示。SP014 内部集成了两级运算放大器、鉴幅比较器、光控比较器、数字控制单元；输出驱动能力为 5 mA 的线性稳压器（LDO），不仅可实现对热释电红外传感器的供电，还可以满足智能照明中对光线检测的应用。

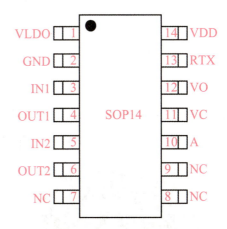

图 5-6 热释电红外传感器配套芯片 SP014

表 5-10 为 SP014 各引脚功能说明，图 5-7 为热释电红外传感器典型应用电路。

表 5-10　SP014 各引脚的功能说明

引脚	名称	引脚说明
1	VLDO	电压输出端，最大输出电流 5 mA，为传感器供电
2	GND	接地端
3	IN1	第一级运算放大器反相输入端
4	OUT1	第一级运算放大器输出端
5	IN2	第二级运算放大器反相输入端
6	OUT2	第二级运算放大器输出端
7~9	NC	空
10	A	重复触发控制端，接高电平允许重复触发；接低电平禁止重复触发
11	VC	光控输入端，当 VC<1 V 时禁止输出；当 VC>1 V 时允许输出
12	VO	控制信号输出端，高电平有效
13	RTX	输出延迟时间调节端
14	VDD	电源端

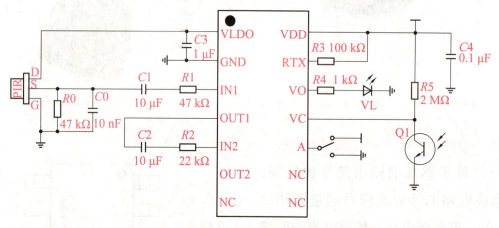

图 5-7　热释电红外传感器典型应用电路

图 5-8 为人体红外热释传感器模块外形，图 5-9 为人体红外热释传感器模块内部电路，两个电位器分别控制灵敏度和延迟时间。

 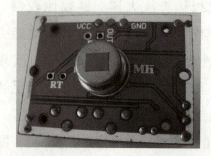

图 5-8　人体红外热释传感器模块外形　　图 5-9　人体红外热释传感器模块内部电路

三、C 语言函数定义及调用

C 语言程序通常由主函数 main() 和若干个其他函数构成。主函数可以调用其他函数，其他函数间也可以相互调用，函数还可以调用本身（称为"递归调用"），但是其他函数不能调用主函数。C 语言函数调用示意图如图 5-10 所示。

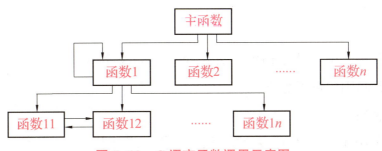

图 5-10　C 语言函数调用示意图

1. 函数的定义

从函数的形式来看，函数可以分为无参数函数和有参数函数。前者在被调用时没有参数传递，后者在被调用时有参数传递。

1) 无参数函数定义格式如下

```
类型说明符函数名(void)          //void 声明该函数无参数传递
{
    ...
}
```

类型说明符定义了函数返回值的类型。如果函数没有返回值，需要用 void 作为类型说明符。如果没有类型说明符出现，则函数返回值默认为整型值。

例 1：返回值类型为无符号整型，无参数传递。

```
unsigned charmin(void)
{
...
}
```

例 2：无返回值，无参数传递。

```
void delay(void)
{
    unsigned char n
    for(i=0;i<125;i++)
    ;
}
```

2) 有参数传递函数定义格式如下：

```
类型说明符函数名(形式参数列表)  //形式参数超过一个时,用","隔开
{
    ...
    return(n)                 //
}
```

2. 函数的调用

函数调用就是在一个函数体中使用另外一个已经定义的函数，前者为主调用函数，后者为被调用函数。函数调用的格式如下：

函数名（实参表）；

有实参的函数调用中，如果有多个实参，要用","间隔开。实参与形参的顺序必须对应，其个数和数据类型必须完全相同。

例如：

```
#define uchar unsigned char
void delay(uchar ms);                //函数声明
void main(void)
{
    P1=0xfe;
    while(1)
    {
        delay(300);                  //调用延时函数延时 300 ms
    }
}
void delay(uchar ms)                 //函数定义
{
    uchar i,j;
    for(i=0;i<125;i++)
    for(j=0;j<ms;j++)
    ;
}
```

上述这段程序中，调用了一个延时函数 delay( )，其中函数 delay( )中的 300 是实参，函数定义中的 ms 是函数的形参，uchar 为其参数类型。实参与形参的类型必须完全一致。

项目任务

任务一　用外中断实现按键控制 LED 灯

任务描述

每按下一次按键然后松开，LED 灯的状态转换一次。

任务分析

外中断控制 LED 灯主函数流程图如图 5-11 所示。

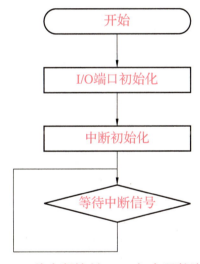

图 5-11　外中断控制 LED 灯主函数流程图

（1）I/O 端口初始化

将 LED1 配置为输出口，按键 KEY1 配置为输入口。

（2）中断初始化

配置中断有关的寄存器，设置中断的初始状态。

任务实施

步骤 1： 编写代码。

参考代码如下：

```
/************通过按键KEY1产生外部中断改变LED1状态**************/
#include "ioCC2530.h"
```

```c
typedef unsigned char uchar;
typedef unsigned int  uint;
#define LED1 P1_0                        // P1.0 控制 LED1
#define KEY1 P0_1                        // P0.1 控制 KEY1
/* * * * * * * * * * * * * * * * * * * * * * * * * * * * * * * * * *
 * 名    称:elayMS()
 * 功    能:以 ms 为单位延时,系统时钟不配置时默认为 16 MHz
 * 入口参数:msec 延时参数,值越大,延时越久
 * 出口参数:无
 * * * * * * * * * * * * * * * * * * * * * * * * * * * * * * * * * */
void delayMS(uint msec)
{
    uint i,j;
    for(i=0;i<msec;i++)
    for(j=0;j<535;j++);
}
/* * * * * * * * * * * * * * * * * * * * * * * * * * * * * * * * * *
 * 名    称:initLed()
 * 功    能:设置 LED 灯相应的 I/O 口
 * 入口参数:无
 * 出口参数:无
 * * * * * * * * * * * * * * * * * * * * * * * * * * * * * * * * * */
void initLed(void)
{
    P1DIR |=0x01;                        //P1.0 定义为输出口
    LED1=1;                              //LED1 灯上电默认为熄灭
}
/* * * * * * * * * * * * * * * * * * * * * * * * * * * * * * * * * *
 * 名    称:initInt()
 * 功    能:中断初始函数
 * 入口参数:无
 * 出口参数:无
 * * * * * * * * * * * * * * * * * * * * * * * * * * * * * * * * * */
void initInt()
{
    P0IEN |=0x2;                         // P0.1 设置为中断方式 1:中断使能
    PICTL |=0x01;                        //下降沿触发
```

```c
    IEN1 |=0x20;              //允许P0端口中断
    P0IFG=0x00;               //清中断标志位
    EA=1;                     //打开总中断
}
/*************************************************
* 名    称:P0_ISR(void)中断处理函数
* 描    述:#pragma vector=中断向量,紧接着是中断处理程序
*************************************************/
#pragma vector=P0INT_VECTOR
__interrupt void P0_ISR(void)
{
    LED1=~LED1;               //改变LED1的状态
    P0IFG=0;                  //清中断标志
    P0IF=0;                   //清中断标志
}
/*************************************************
* 程序入口函数
*************************************************/
void main(void)
{
    initLed();                //调用I/O端口初始化函数
    initInt();                //调用中断初始化函数
    while(1)
    {;}
}
```

步骤2：下载并调试程序，请自行完成。

任务二　外中断控制 LED 灯依次点亮

任务描述

1) 初始状态：上电复位后，LED1~LED4 全灭。

2) 第 1 次按键，LED1 亮。

3) 第 2 次按键，LED1、LED2 亮。

4）第 3 次按键，LED1、LED2、LED3 亮。

5）第 4 次按键，LED1～LED4 全亮。

6）第 5 次按键，返回初始状态 1，LED1～LED4 全灭。

任务分析

外中断按键控制 LED 电路原理图如图 5-12 所示，按键 SW1 用于控制 4 个 LED 灯的亮、灭，SW1 接 CC2530 单片机的 P1.2 输入引脚，LED1（VL3）、LED2（VL4）、LED3（VL5）、LED4（VL6）分别与 CC2530 单片机的 P1.0、P1.1、P1.3 和 P1.4 4 个输出引脚相连，VL3～VL6 为 CC2530 单片机开发板电路原理图中的标号，当其中的某一引脚输出高电平时，对应的 LED 灯就会被点亮。

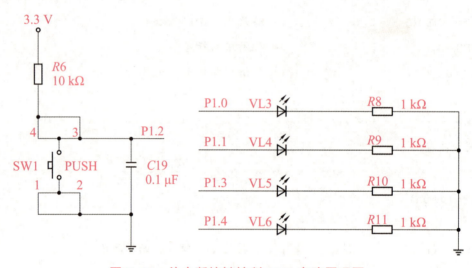

图 5-12 外中断按键控制 LED 电路原理图

编程思路：设置一个状态转换标志全局变量 flag_Pause，初值为 0，当每按下一次按键，会触发一次外中断，并调用一次外中断服务函数。在外中断服务函数中将 flag_Pause 加 1，当 flag_Pause 的值为 5 时，将其清零，主函数根据该全局变量的值控制对应的 LED 灯亮、灭即可完成该任务。

任务实施

步骤 1：绘制程序流程图。

外中断控制 LED 灯依次点亮程序流程图如图 5-13 所示，外中断服务函数流程图如图 5-14 所示。

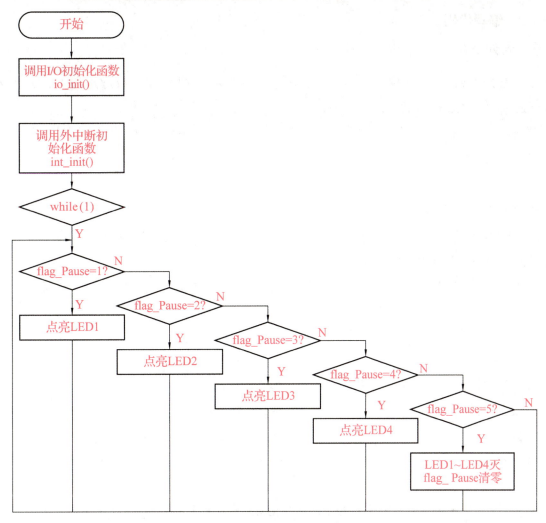

图 5-13　外中断控制 LED 灯依次点亮程序流程图

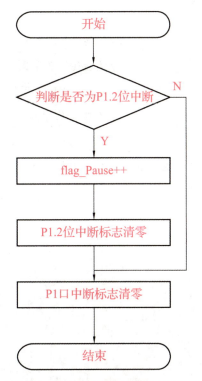

图 5-14　外中断服务函数流程图

步骤 2：编写代码。

参考代码如下：

```c
////////////////////////////////////////////////////////////////////
#include "ioCC2530.h"
#define LED1   P1_0
#define LED2   P1_1
#define LED3   P1_3
#define LED4   P1_4
#define SW P1_2
unsigned int flag_Pause=0;
/************************I/O初始化函数****************/
void io_init()
{
    P1DIR |=0x1b;
    LED1=0;                        //熄灭 LED1
    LED2=0;                        //熄灭 LED2
    LED3=0;                        //熄灭 LED3
    LED4=0;                        //熄灭 LED4
}
/************************外中断初始化函数****************/
void int_init()
{
    IEN2 |=0x10;                   //使能 P1 端口中断
    P1IEN |=0x04;                  //使能 P1_2 中断
    PICTL |=0x02;                  //P1_3~P1_0 下降沿触发中断
    EA=1;                          //开启全局中断
}
/************************主函数****************/
void main(void)
{
    io_init();
    int_init();
    while(1)
    {
        if(flag_Pause==1)
        {
```

```
            LED1=1;                    //点亮LED1
        }
        if(flag_Pause==2)
        {
            LED2=1;                    //点亮LED2
        }
        if(flag_Pause==3)

        {
            LED3=1;                    //点亮LED3
        }
        if(flag_Pause==4)              //按键第4次被按下
        {
            LED4=1;                    //点亮LED4
        }
        if(flag_Pause==5)              //按键第5次被按下
        {
            LED1=0;
            LED2=0;
            LED3=0;
            LED4=0;
            flag_Pause=0;
        }
    }
}
/***************外中断函数****************/
#pragma vector=P1INT_VECTOR
__interrupt void P1_INT(void)
{
    if(P1IFG&0x04)
    {
        flag_Pause++;
        P1IFG&=~0x04;
    }
    P1IF=0;
}
/////////////////////////////////////////////////////////////////////////
```

步骤3：下载并调试程序，请自行完成。

【试一试】

1）修改程序，改用 switch case 语句完成该任务。

2）修改程序，改用第 2 个按键（P0.1）完成该任务。

拓展任务

按键控制 4 个 LED 灯依次点亮：

1）初始状态：上电复位后，4 个 LED 灯全灭。
2）第 1 次按键，LED1 亮，其余灭。
3）第 2 次按键，LED2 亮，其余灭。
4）第 3 次按键，LED3 亮，其余灭。
5）第 4 次按键，LED4 亮，其余灭。
6）第 5 次按键，返回初始状态 1，4 个 LED 灯全灭。

任务三　外中断方式按键控制 LED 灯的亮度

任务描述

对 LED 灯实现如下亮度控制功能：
①初始状态，LED1 和 LED2 全灭；
②第 1 次按键，LED1 和 LED2 半亮；
③第 2 次按键，LED1 和 LED2 全亮；
④第 3 次按键，LED1 和 LED2 全灭，返回初始状态，循环往复。

任务分析

用按键控制 LED 灯亮度级别，将 LED 灯的亮度设定在某一个固定值，即每按下一次按键，则修改其延时函数的时间参数 t 的值。

任务实施

步骤1：绘制程序流程图。

主函数流程图和外中断服务函数流程图分别如图 5-15、图 5-16 所示。

步骤2：编写代码。

1）编写 I/O 初始化函数。

2）编写外中断初始化函数。

3）编写延时函数。

4）编写主函数。

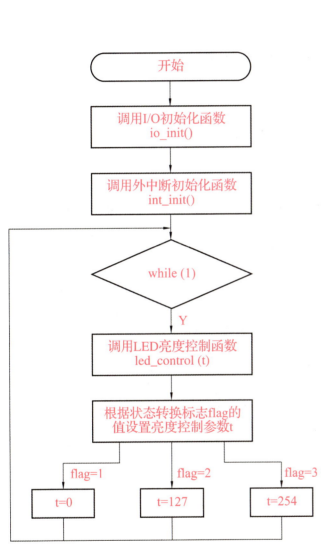

图 5-15　主函数流程图

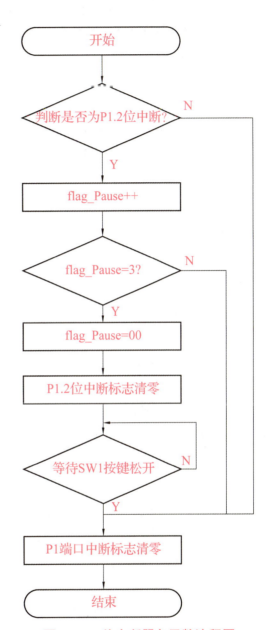

图 5-16　外中断服务函数流程图

参考代码如下：

```
/////////////////////////////////////////////////////////////////////
#include "ioCC2530.h"
#define LED1 P1_0            // P1_0 定义为 LED1
#define LED2 P1_1            // P1_1 定义为 LED2
#define LED3 P1_3            // P1_3 定义为 LED3
#define LED4 P1_4            // P1_4 定义为 LED4
```

```c
#define SW1 P1_2                    // P1_2 定义为 SW1
unsigned char flag=0;               /// 状态转换标志
unsigned char t=0;                  // t 值越大,LED 灯越亮

/* * * * * * * * * * * * * * I/O 初始化函数* * * * * * * * * * * * * */
void io_init()
{
    P1SEL &=~0x1F;                  //设置 P1_0~P1_4 为普通 I/O 端口
    P1DIR |=0x1B;                   //设置 P1_0、P1_1、P1_3、P1_4 为输出端口,P1_2 为输入端口
    LED1=0;
    LED2=0;
    LED3=0;
    LED4=0;                         //LED1~LED4 灭
}
/* * * * * * * * * * * * * * 外中断初始化函数* * * * * * * * * * * * * */
void int_init()
{
    IEN2 |=0x10;                    //使能 P1 端口中断
    P1IEN|=0x04;                    //使能 P1_2 中断
    PICTL|=0x02;                    //从 P1_3~P1_0 下降沿触发中断
    EA=1;                           //开启全局中断
}
/* * * * * * * * * * * * * * 延时函数* * * * * * * * * * * * * */
void delay(unsigned char t)
{
    unsigned char i,j;
    for(i=0;i<t;i++)
    for(j=0;j<10;j++);
}
/* * * * * * * * * * * * * * 外中断服务函数* * * * * * * * * * * * * */
void led_control(unsigned char t)
{
    LED1=1;
    LED2=1;
    delay(t);

    LED1=0;
```

```c
        LED2=0;
        delay(254-t);
    }
}
/* * * * * * * * * * * * * * * 外中断服务函数 * * * * * * * * * * * * * * */
#pragma vector=P1INT_VECTOR
__interrupt void P1_INT(void)
{
    if(P1IFG&0x04)          //判断P1.2的中断标志位是否为1,若为1则表示按键SW1被按下
    {
        flag++;             //状态转换
        if(flag==3)
        flag=0;             //返回初始状态
        P1IFG&=~0x04;       //P1.2的中断标志位清零
    }
    while(!SW1);            //等待SW1按键松开
    P1IF=0;                 //P1中断标志清零
}
/* * * * * * * * * * * * * * * 主函数 * * * * * * * * * * * * * * */
void main(void)
{
    io_init();              //调用I/O初始化函数
    int_init();             //调用外中断初始化函数

    while(1)
    {
        led_control(t);
        switch(flag)
        {
            case 0:t=0;break;        //状态1:灭
            case 1:t=127;break;      //状态2:微亮
            case 2:t=254;break;      //状态3:全亮
        }
    }
}
////////////////////////////////////////////////////////////////////////
```

步骤3：下载并调试程序，请自行完成。

拓展任务

将按键控制 LED 灯的亮度设计为 4 级亮度，如何实现？

任务四　人体红外传感器控制浴室内的 LED 灯

任务描述

用人体红外传感器控制 LED 灯，采用外中断实现该任务。

任务分析

首先，搭建硬件电路，将人体红外传感器模块与 CC2530 单片机开发板相连，人体红外传感器模块的输出端（INT）与 CC2530 单片机的 P0.1 引脚相连。然后，编写 I/O 端口初始化函数、外中断初始化函数和外中断服务函数，设置 P1.0 和 P1.1 为普通输出端口，P1.2 为输入端口，开启 P0 端口中断、P1.2 中断和全局中断 EA，将 P0 中断设置为下降沿触发。

当有人经过时，人体红外传感器信号输入到 P0.1，系统会自动触发 P0 端口外中断，将中断标志位 P0IF 和中断标志寄存器 P0IFG 中 P0.1 对应的中断标志位置为"1"，然后根据中断向量，程序会跳转到 P0 端口的外中断服务函数，在该函数中将对应的 LED 灯点亮即可。注意：在中断服务函数中要将对应的中断标志位清零，才能正确响应下一次中断，否则中断服务函数只能被执行一次。

任务实施

步骤 1：硬件连接。

将人体红外传感器模块插接到 CC2530 单片机开发板的排针连接器上，其模块电路原理图如图 5-17 所示。图中 J7 为热释电红外传感器，其信号经过 VT1 放大整形后，由 Q1 集电极输出，接 CC2530 单片机开发板的 INT 处（CC2530 单片机的 P0.1 引脚），J1 和 J6 为传感器模块的排针连接器，J6 用于为传感器模块供电，J1 是部分 I/O 端口。

步骤 2：绘制流程图（略，由学生练习绘制）。

步骤 3：编写代码。

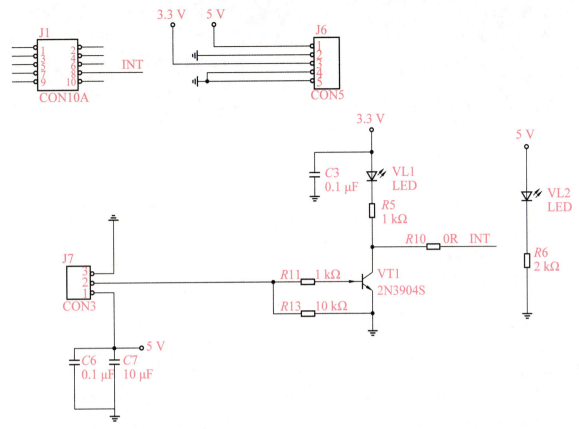

图 5-17　人体红外热释传感器模块电路原理图

参考代码如下：

```
///////////////////////////////////////////////////////////////////
#include "ioCC2530.h"
#define LED1   P1_0          // P1_0 定义为 LED1
#define LED2   P1_1          // P1_1 定义为 LED2
#define SW1    P1_2          // P1_2 定义为 SW1 按键

unsigned char flag=0;        //状态标志
/************I/O初始化部分***************/
void initLed()
{
    P1SEL &=~0x07;           //设置 P1.0~P1.2 为普通 I/O 端口
    P1DIR |=0x03;            //设置 P1.0 和 P1.1 为输出端口,P1.2 为输入端口
    LED1=0;                  //LED1 和 LED2 熄灭
    LED2=0;
}
/*************中断初始化函数***************/
void int_init()
{
```

```c
    P0IE=1;                        //使能P0端口中断
    P0IEN|=0x02;                   //使能P0_1中断
    PICTL|=0x01;                   //从P0_0~P0_7下降沿触发中断

    EA=1;                          //全局中断使能
}
/************延时函数****************/
void delay(unsigned char t)
{
    unsigned char i,j;
    for(i=0;i<t;i++)
    for(j=0;j<10;j++);
}
/************P0端口外中断服务函数****************/
#pragma vector=P0INT_VECTOR
__interrupt void P0_INT(void)      //P0端口中断向量
{
    if(P0IFG&0x02)                 //判断是否为P0.1产生的中断
    {
        LED1=1;
        LED2=1;                    //两个LED灯被点亮
        P0IFG&=~0x02;              //P0.1中断标志位清零
    }
    P0IF=0;                        //P0端口中断标志清零
}
/************主函数****************/
void main(void)
{
    initLed();                     //调用初始化函数
    int_init();
    while(1)
    {
        ;
    }
}
////////////////////////////////////////////////////////
```

步骤4：下载并调试程序，请自行完成。

【试一试】如果想用按键SW1将灯灭掉，应该怎样修改程序？

 拓展任务

模拟数学公式计算器功能：当 ZigBee 模块复位后，模块上所有的 LED 灯处于熄灭状态，每按下按键松开一次，变量 n 自加 1，根据变量 n 的变化进行不同的数学公式运算，并通过模块自身的 4 个 LED 灯以二进制数的形式来表示。

1. 任务说明

模拟数学公式计算器，通过 ZigBee 模块自身的按键实现运算公式中变量 n 的赋值，每按下按键松开后变量 n 自行加 1，当第 6 次按下按键松开后，变量 n 变回 0；利用模块的 4 个 LED 灯以二进制数的形式对运算公式的结果进行表示。

2. 运算要求

当变量 n 的取值在不同范围时，进行运算的数学公式不同，其中 $f(n)$ 表示输出的运算结果，n 表示运算公式中的变量，具体输出结果 $f(n)$、变量 n 的范围以及数学运算公式如下：

$$f(n) = \begin{cases} 2^n + n - 1, & n = 0 \\ 2^n + 2n - 1, & 0 < n < 4 \\ 2^{(n-1)} - 2n + 1, & 4 \leq n < 6 \end{cases}$$

通过按键 SW1 进行变量的赋值，模拟数学公式运算变量 n 与按键的关系如表 5-11 所示。

表 5-11 模拟数学公式运算变量 n 与按键的关系

状态	状态 0	状态 1	状态 2	……	状态 n（依次类推）	状态 6→立即跳回至状态 0
按键次数	初始状态	按第 1 次	按第 2 次	……	按第 n 次	按第 6 次
变量（n）	n=0	n=1	n=2	…	n=n	n=0

将运算结果通过 ZigBee 模块的 4 个 LED 灯以二进制数的形式进行表示，4 个 LED 灯与二进制的关系如表 5-12 所示。完成表 4-13。

表 5-12 4 个 LED 灯与二进制的关系表

开发板上的 LED 灯名称	D4	D3	D6	D5
二进制（位）	d3	d2	d1	d0

表 5-13 模拟数学公式计算器的程序

程序流程图	C 语言源程序	程序注释

项目小结

本项目主要介绍了以下知识：

1) 中断的概念和作用；
2) 中断请求的处理过程；
3) CC2530 单片机外中断寄存器初始化方法；
4) CC2530 单片机外中断处理函数编写方法，能熟练编写外中断程序；
5) C 语言函数的定义及调用方法；
6) 热释电红外传感器的基本结构及应用。

项目评价

对本项目学习效果进行评价，完成表 4-14。

表 4-14 项目评价反馈表

评价内容	分值	自我评价	小组评价	教师评价	综合	备注
任务一	15					
任务二	15					
任务三	20					
任务四	20					
拓展任务	10					
职业素养	20					
合计	100					
取得成功之处						
有待改进之处						
经验教训						

习 题

一、单选题

1. 要将 CC2530 单片机的 P1.0 引脚配置成下降沿中断触发方式，需要将 PICTL 寄存器的第 1 位置 1，则应使用的代码为（　　）。

　　A. PICTL &= ~0x01　　　　　　　　　　B. PICTL &= ~0x02

　　C. PICTL |= 0x01　　　　　　　　　　　D. PICTL |= 0x02

2. 以下中断服务函数写法正确的是(　　)。

A. ＿interrupt void P1_ISR(void)

　　{…}

B. #pragma vector = P1INT_VECTOR

　　＿interrupt void P1_ISR(void)

　　{…}

C. interrupt void P1_ISR(void)

　　{…}

D. #pragma vector = P1INT_VECTOR

　　interrupt void P1_ISR(void)

　　{…}

3. CC2530 单片机内核响应中断请求后，跳转到(　　)执行程序。

A. 0x0000 地址　　　B. 中断向量地址　　　C. main 函数开始　　　D. main 函数结尾

4. CC2530 单片机具有(　　)个中断源。

A. 1　　　　　　　B. 8　　　　　　　C. 18　　　　　　　D. 28

5. CC2530 单片机的应用开发中，使能总中断的程序语句是(　　)。

A. EA = 0　　　　　B. IE = 0　　　　　C. EA = 1　　　　　D. IE = 1

6. 当 P1_2 引脚产生外部中断请求后，(　　)的第 2 位置 1。

A. P1IFG　　　　　B. P1IF　　　　　C. P2IFG　　　　　D. P2IF

二、多选题

1. 在 CC2530 单片机中，关于中断服务函数说法正确的是(　　)。

A. 要以 interrupt 作为中断服务函数的前缀

B. 端口组中断发生后还需要在中断服务函数中确定是哪个引脚发生的中断

C. 对于外部中断，必须在中断服务函数中清除中断标志位

D. 以上都正确

2. IEN0、IEN1、IEN2 寄存器是 CC2530 单片机中 3 个重要的寄存器，下列说法正确的是(　　)。

A. EA 是 IEN0 的一个寄存器位

B. IEN1 能够使能和禁用定时器 1、定时器 2、定时器 3、定时器 4 中断

C. IEN2 能够使能和禁用端口 1、端口 2 的中断

D. IEN0 能够使能和禁用 UART1、UART0 的发送与接收中断

3. 当 P1_0 和 P1_2 引脚产生外部中断请求后，以下说法正确的是(　　)。

A. 任何情况下，P1IFG 的第 0 位和第 2 位均会置 1

B. 任何情况下，P1IF 标志位均会置 1

C. 在 P1IEN 的值为 0x05 时，P1IFG 的第 0 位和第 2 位置 1

D. 在 P1IEN 的值为 0x05 时，P1IF 标志位置 1

三、简答题

1. 什么是中断？什么是中断源？
2. 什么是中断向量？其作用是什么？
3. 简述 CC2530 单片机中断初始化的基本步骤。
4. 简述 CC2530 单片机外中断服务函数的基本结构。

项目六

智能路灯控制——CC2530 单片机定时/计数器的应用

  项目描述

某智慧小区需要设计一个智能路灯控制系统,如图 6-1 所示,要求设置某一时间段内定时开启或关闭路灯(用 LED 灯模拟)。

图 6-1 智慧社区智能路灯控制系统

学习目标

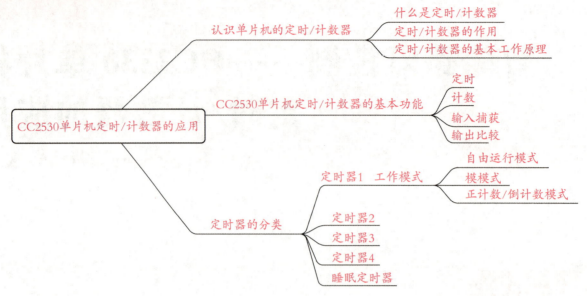

【知识目标】

1) 了解 CC2530 单片机定时器的内部结构,理解定时器的作用。
2) 掌握定时器的类型和使用方法。
3) 掌握定时器中断服务函数的编写方法。

【技能目标】

能熟练编写定时器应用程序来实现定时或计数功能。

【素养目标】

1) 培养沟通交流及团队合作意识。
2) 养成规范操作的职业习惯。
3) 培养精益求精的工匠精神。

设备及材料准备

CC2530 单片机开发板 1 套,CC Debugger 仿真器 1 套,计算机 1 台。

相关知识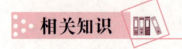

一、认识单片机的定时/计数器

1. 什么是定时/计数器

定时/计数器是一种能够对时钟信号或外部输入信号进行计数,当计数值达到设定要求时便向 CPU 提出处理请求，从而实现定时或计数功能的外设。在单片机中，一般使用 Timer 表示定时/计数器。

2. 定时/计数器的作用

定时/计数器的基本功能是实现定时和计数，且在整个工作过程中不需要 CPU 进行过多参与，它的出现将 CPU 从相关任务中解放出来，提高了 CPU 的使用效率。例如，我们之前实现 LED 灯闪烁时采用的是软件延时方法，在延时过程中 CPU 通过执行循环指令来消耗时间，且在整个延时过程中会一直占用 CPU，从而降低了 CPU 的工作效率。若使用定时/计数器来实现延时，则在延时过程中 CPU 可以去执行其他工作任务。CPU 与定时/计数器之间的交互关系如图 6-2 所示。

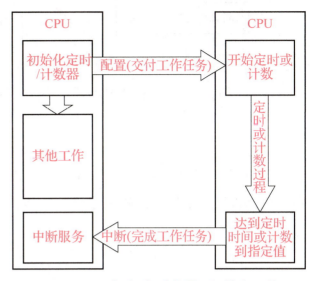

图 6-2　CPU 与定时/计数器之间的交互关系

3. 定时/计数器的基本工作原理

无论使用定时/计数器的哪种功能，其最基本的工作原理是进行计数。定时/计数器的核心是一个计数器，可以进行加 1（或减 1）计数，每出现一个计数信号，计数器就自动加 1（或自动减 1），当计数值从 0 变成最大值（或从最大值变成 0）溢出时，定时/计数器便向 CPU 提出中断请求。计数信号的来源可以是周期性的内部时钟信号（如定时功能），也可以是非周期性的外界输入信号（如计数功能）。

图 6-3 为单片机内部 8 位减 1 计数器的工作过程示意图。

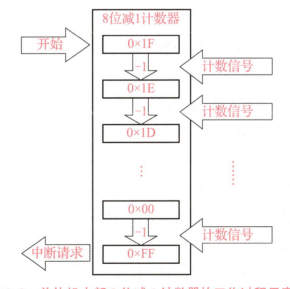

图 6-3　单片机内部 8 位减 1 计数器的工作过程示意图

二、CC2530 单片机定时/计数器的基本功能

1. 定时功能

CC2530 单片机的定时功能是对规定时间间隔内的输入信号的个数进行计数，当计数值达到指定值时，说明定时时间已到，其输入信号一般使用内部的时钟信号。CC2530 单片机的定时器内有一个可编程的分频器，该分频器的分频系数可以预置为 1、8、32 或 128。当单片机将 32 MHz 晶振用作系统时钟源时，可使用的最高时钟频率为 32 MHz；当采用 16 MHz 的 RC 振荡器作

系统时钟源时，可使用的最高时钟频率为 16 MHz。定时器工作原理框图如图 6-4 所示。

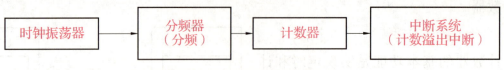

图 6-4 定时器工作原理框图

【思考】假设单片机将 32 MHz 晶振用作系统时钟源，此时若要定时 100 ms，其分频值为多少？若采用 16 MHz 的 RC 振荡器作系统时钟源，那么其分频值又该设置为多少？

2. 计数功能

CC2530 单片机的计数功能是对任意时间间隔内输入的信号个数进行计数，其主要作用是对单片机外部开关量传感器的信号进行计数，如转速测量、产品计数等。计数器工作原理如图 6-5 所示。

图 6-5 计数器工作原理

3. 输入捕获功能

CC2530 单片机的输入捕获功能是对规定时间间隔内的输入信号的个数进行计数，当外界输入有效信号时，捕获计数器的计数值。该功能通常用于测量输入信号的脉冲宽度或脉冲频率，测量时需要对输入信号的上升沿和下降沿进行两次捕获，通过计算两次捕获的计数差值，可以计算出信号的脉冲宽度、周期和频率。

当一个通道配置为输入捕获通道时，和该通道相关的 I/O 引脚必须被配置为输入。在启动定时器之后，输入引脚的一个上升沿、下降沿或任何边沿都将触发一个捕获，即把 16 位计数器内容捕获到相关的捕获寄存器中。因此，定时器可以捕获一个外部事件发生的时间。

4. 输出比较功能

CC2530 单片机的输出比较功能是指当计数值与需要进行比较的预置值相同时，向 CPU 提出中断请求，或改变 I/O 端口输出控制信号，该功能常用于电动机 PWM（脉冲宽度调制）调速或 LED 灯的亮度调节。图 6-6 为输出比较示意图。

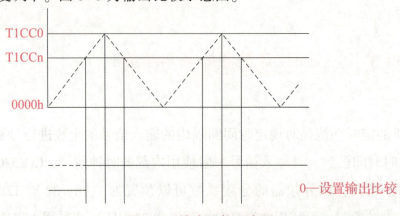

图 6-6 输出比较示意图

三、定时器的分类

CC2530 单片机有 5 个定时器，分别是定时器 1、定时器 2、定时器 3、定时器 4 和睡眠定时器。

1. 定时器 1

定时器 1 是 16 位定时器，除了基本的定时/计数功能外，还具有以下功能。

1) 输入捕获功能。
2) 输出比较功能。
3) PWM 功能。
4) 5 个独立的捕获比较通道，每个通道使用一个 I/O 引脚。
5) 时钟分频器，可为计数器提供计数信号。
6) 能在捕获/比较和计数溢出后产生中断请求信号。
7) 能触发 DMA（直接存储器存取）功能。

定时器 1 的工作模式有自由运行模式、模模式和正计数/倒计数模式。

（1）自由运行模式

在自由运行模式下，计数器从 0x0000 开始，每个活动时钟边沿增加 1。当计数器的计数值达到 0xFFFF（溢出值）时，计数器归零，重新载入 0x0000，继续新一轮加 1 计数，如图 6-7 所示。

自由运行模式的计数周期是 0xFFFF+1，当达到最终计数值 0xFFFF 时，系统自动设置标志位 IRCON.T1IF 和 T1STAT.OVFIF。如果设置了相应的中断屏蔽位 TIMIF.T1OVFIM 以及 IEN1.T1EN，将产生一个中断请求。

（2）模模式

当定时器运行于模模式时，计数器从 0x0000 开始计数，每个活动时钟边沿增加 1。当计数值达到 T1CC0（预置值）时，计数器将重新复位到 0x0000，并开始新一轮加 1 计数。T1CC0 由两个 8 位寄存器 T1CC0H 和 T1CC0L 组成，用于保存最终计数值的高 8 位和低 8 位。图 6-8 为模模式工作过程示意图。

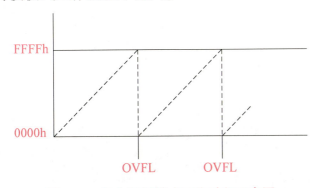

图 6-7 自由运行模式工作过程示意图

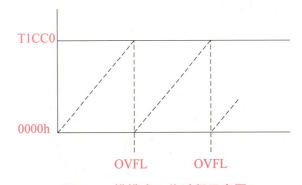

图 6-8 模模式工作过程示意图

注意：模模式需要开启通道 0 的输出比较模式，否则计数器只有到了 0xFFFF 时才会产生溢出中断（相应地产生溢出标志），也就是说如果没有设置通道0的输出比较模式，计数器的值到达T1CC0后，不会产生溢出中断（相应的溢出标志不会置1），此时产生的中断是定时器1通道0中断，而不是定时器1的溢出中断。

（3）正计数/倒计数模式

在正计数/倒计数模式下，计数器从0x0000开始加1正计数，计数值达到T1CC0（预置值）后，计数器开始减1倒计数，直到减为0x0000，如图6-9所示。

当达到最终计数值时，系统将自动

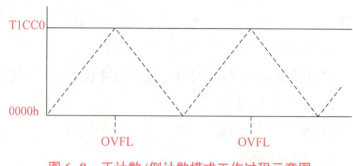

图6-9 正计数/倒计数模式工作过程示意图

设置定时器中断标志位IRCON.T1IF和中断溢出标志位T1CTL.OVFIF。如果设置了相应的中断屏蔽位TIMIF.T1OVFIM以及IEN1.T1EN，将产生一个中断请求。

2. 定时器2

定时器2主要用于为ZigBee协议栈提供一般的计时功能，也称为MAC定时器，用户一般不能使用该定时器。

3. 定时器3和定时器4

定时器3和定时器4都是8位定时器，可用于PWM控制，具有输入捕获、输出比较功能，具有两个独立的捕获和比较通道，每个通道使用一个I/O引脚。与定时器1相同，定时器3和定时器4也具有自由运行、模和正计数/倒计数3种不同的工作模式。

4. 睡眠定时器

睡眠定时器是一个24位正计数定时器，运行在32 kHz的时钟频率下，支持捕获/比较功能，能够产生中断请求和DMA触发。睡眠定时器主要用于设置系统进入和退出低功耗睡眠方式的周期，还用于在低功耗睡眠模式时维持定时器2的定时。

项目任务

任务一 定时器控制LED灯秒闪

任务描述

LED灯每秒钟状态变化一次。

任务分析

首先进行硬件连接，将 LED1 接到 P1.0，然后编程初始化 I/O 端口和中断相关寄存器，等待定时器中断请求信号。当计数到达设置的溢出值时，主程序暂停，然后执行中断服务函数，设计每 0.5 s 发生一次中断。通过记录中断次数，中断 2 次即可到达 1 s 定时时间，定时时间到达后，改变 LED1 灯的输出状态即可完成该任务。

任务实施

步骤 1：硬件连接。

将 LED1 通过限流电阻接 CC2530 单片机的 P1.0，另外一端接地。

步骤 2：绘制程序流程图。

主函数流程图和定时器中断服务函数流程图分别如图 6-10 和图 6-11 所示。

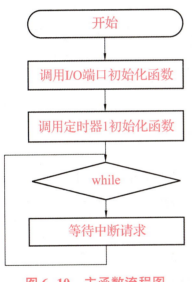

图 6-10　主函数流程图

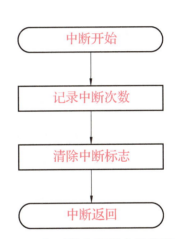

图 6-11　定时器中断服务函数流程图

步骤 3：编写代码。

1) I/O 端口初始化函数。

将 P1.0 设置为输出端口。

2) 编写定时器 1 初始化函数。

表 6-1 中列出了定时器 1 相关寄存器（位）的作用，图 6-12 为定时器 1 初始化函数流程图。

表 6-1　定时器 1 相关寄存器（位）的作用

寄存器（位）	作用
T1CTL	选择工作模式，设置定时器的分频系数
T1CC0L	设置最大计数值的低 8 位

续表

寄存器（位）	作用
T1CC0H	设置最大计数值的高 8 位
T1IE	使能定时器 1 相关中断
EA	启动系统总中断
T1STAT	定时器 1 中断标志位

①设置定时器 1 的分频系数。

定时器 1 的计数信号来自 CC2530 单片机内部系统时钟信号分频后产生的信号，可编程选择 1、8、32 或 128 分频。CC2530 单片机上电后，默认使用其内部时钟频率为 16 MHz 的 *RC* 振荡器，也可以通过编程配置使用外接的时钟频率为 32 MHz 的石英晶体振荡器。

定时器 1 采用 16 位计数器，其最大计数值为 0xFFFF，即 65535。当使用 16 MHz 的 *RC* 振荡器时，如果使用 128 分频系数，则定时器 1 的最长定时时间约为 524.3 ms。计算公式如下：

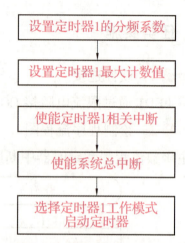

图 6-12 定时器 1 初始化函数流程图

$$t = \frac{1}{16 \text{ MHz}} \times 128 \times 65536 \approx 524.3 \text{ ms}$$

设置定时器 1 的分频系数需采用 T1CTL（定时器 1 控制）寄存器，DIV[1:0] 就是定时器 1 的分频系数，如表 6-2 所示。本任务中，选择 128 分频，则其程序代码如下：

```
T1CTL |=0x0c;            //定时器1时钟频率128分频
```

表 6-2 T1CTL 寄存器

位	位名称	描述
7:4	—	未使用
3:2	DIV[1:0]	定时器 1 时钟分频设置 00：1 分频 01：8 分频 10：32 分频 11：128 分频
1:0	MODE[1:0]	定时器 1 工作模式设置 00：暂停运行 01：自由运行模式 10：模模式 11：正计数/倒计数模式

②设置定时器1最大计数值。

任务要求定时时间为1 s,由CC2530单片机时钟源的选择和定时器1的分频系数选择可知,定时器1最长定时时间为0.52 s,为了便于在程序中计算,可设置定时器1的定时时间为0.25 s,计算方法如下：

最大计数值=定时时长/定时器计数周期

$= 0.25 / [(1/16) \times 128] = 31250 = 0x7A12$

使用定时器1的定时功能时,将定时所需设置的最大计数值的高8位0x7A存入T1CC0的高8位寄存器T1CC0H中,将低8位0x12存入T1CC0的低8位寄存器T1CC0L中即可。编程设置代码如下：

```
T1CC0L=0x12;           //设置最大计数值低8位
T1CC0H=0x7A;           //设置最大计数值高8位
```

T1CCxH和T1CCxL共5对,分别对应定时器1的通道0~4,这两个寄存器的功能描述分别如表6-3和表6-4所示。

表6-3 T1CCxH寄存器的功能描述

位	位名称	复位值	描述
7:0	T1CCx[15:8]	0x00	定时器1通道0~4捕获/比较值的高位字节

表6-4 T1CCxL寄存器的功能描述

位	位名称	复位值	描述
7:0	T1CCx[7:0]	0x00	定时器1通道0~4捕获/比较值的低位字节

③使能定时器1相关中断。

定时器1在以下3种情况下会产生中断请求。

a. 计数器达到最终计数值（自由运行模式下达到0xFFFF,正计数/倒计数模式下达到0x0000）。

b. 输入捕获事件。

c. 输出比较事件（模模式时使用）。

要使用定时器1相关的中断方式,必须采用使能相关的中断控制位。中断使能寄存器(IEN1)的功能描述如表6-5所示,CC2530单片机中定时器1~4的中断使能位分别是IEN1寄存器中的T1IE、T2IE、T3IE和T4IE。由于IEN1寄存器可以按位寻址,因此使能定时器1中断可以采用如下代码：

```
T1IE=1;                //定时器1中断使能
```

表 6-5 中断使能寄存器（IEN1）的功能描述

位	名称	复位	描述
7:6	—	00	不使用，读出来为 0
5	P0IE	0	端口 0 中断使能 0：中断禁止 1：中断使能
4	T4IE	0	定时器 4 中断使能 0：中断禁止 1：中断使能
3	T3IE	0	定时器 3 中断使能 0：中断禁止 1：中断使能
2	T2IE	0	定时器 2 中断使能 0：中断禁止 1：中断使能
1	T1IE	0	定时器 1 中断使能 0：中断禁止 1：中断使能
0	DMAIE	0	DMA 传输中断使能 0：中断禁止 1：中断使能

定时器 1、定时器 3 和定时器 4 还各自有一个计数溢出中断屏蔽位（TxOVFIM），分别是 T1OVFIM、T3OVFIM 和 T4OVFIM，这些计数溢出中断屏蔽位可独立按位寻址，当被置 1 时，其对应定时器的计数溢出中断便被使能。CC2530 单片机初始上电复位后，这些计数溢出中断屏蔽位的初始值为 1，所以在初始化时不需要置 1。手动置位代码如下：

```
T1OVFIM=1;              //使能定时器 1 溢出中断
```

④使能系统总中断。代码如下：

```
EA=1;                   //使能总中断
```

⑤选择定时器 1 工作模式，启动定时器。

参照表 6-2，设置定时器 1 的工作模式，需要设置 T1CTL 寄存器的工作模式设置位 MODE[1:0]，该任务中将定时器 1 的工作模式设置为正计数/倒计数模式。其设置代码如下：

```
T1CTL |=0x03;           //定时器 1 采用正计数/倒计数模式
```

3）编写定时器 1 中断服务函数。

①定时器 1 中断服务函数格式如下：

```
#pragma vector=T1_VECTOR
__interrupt void T1_INT(void)
{
    //定时器1中断处理代码
    //清除定时器1计数器溢出中断标志
}
```

其中，T1_VECTOR 是定时器 1 的中断向量。

②清除定时器 1 的计数器溢出中断标志。

定时器 1 产生中断请求后，系统会自动将定时器 1 的中断标志位 T1IF 和计数溢出标志位 OVFIF 置 1。定时器 1 状态寄存器（T1STAT）的功能描述如表 6-6 所示。清除定时器 1 的计数器溢出中断标志的代码如下：

```
T1STAT &= ~0x20;        //清除定时器1溢出中断标志位
```

表 6-6 定时器 1 状态寄存器（T1STAT）的功能描述表

位	名称	复位	描述
7:6	—	0	保留
5	OVFIF	0	定时器 1 计数器溢出中断标志。当计数器在自由运行模式或模模式下达到最终计数值时置 1，当在正计数/倒计数模式下倒计数到零时置 1
4	CH4IF	0	定时器 1 通道 4 中断标志。当通道 4 中断条件发生时置 1
3	CH3IF	0	定时器 1 通道 3 中断标志。当通道 3 中断条件发生时置 1
2	CH2IF	0	定时器 1 通道 2 中断标志。当通道 2 中断条件发生时置 1
1	CH1IF	0	定时器 1 通道 1 中断标志。当通道 1 中断条件发生时置 1
0	CH0IF	0	定时器 1 通道 0 中断标志。当通道 0 中断条件发生时置 1

注意：T1IF 位于 IRCON 寄存器中，该位不需要手动清零，当定时器发生中断时，CPU 向量指向中断服务函数后系统会自动将该位清零。

【想一想】为何要清除定时器 1 的计数器溢出中断标志？

如果不手动清零该标志位，那么只能有一次机会进入中断服务函数，为了连续响应中断请求，必须手动清零才可以响应下一次中断。

4）编写主函数。

①调用 I/O 端口初始化函数 initLed()。

②调用定时器 1 中断初始化函数 initTimer1()。

③等待中断。

参考代码如下：

```c
/////////////////////////////////////////////////////////////////////
#include "ioCC2530.h"                //引用CC2530头文件
#define LED1 (P1_0)                  //LED1端口宏定义
unsigned char t1_Count=0;            //定时器1溢出次数计数
/* * * * * * * * * * * * * * * * * * * * * * * * * * * * * * * * *
函数名称:main
功    能:程序主函数
入口参数:无
出口参数:无
返回值:无
* * * * * * * * * * * * * * * * * * * * * * * * * * * * * * * * */
void main(void)
{
    /* * * * * * * * * * * * * LED1初始化部分* * * * * * * * * * * * * */
    P1SEL &=~0x01;                   //设置P1_0为普通I/O端口
    P1DIR |=0x01;                    //设置P1_0为输出端口
    LED1=0;                          //熄灭LED1
    /* * * * * * * * * * * * * 定时器1初始化部分* * * * * * * * * * * * * */
    T1CTL |=0x0c;                    //定时器1时钟频率128分频
    T1CC0L=0x12;                     //设置最大计数值低8位
    T1CC0H=0x7A;                     //设置最大计数值高8位
    T1IE=1;                          //使能定时器1中断
    T1OVFIM=1;                       //使能定时器1溢出中断
    EA=1;                            //使能总中断
    T1CTL |=0x03;                    //定时器1采用正计数/倒计数模式
    while(1);                        //程序主循环
}

/* * * * * * * * * * * * * * * * * * * * * * * * * * * * * * * * *
函数名称:I1_INT
功    能:定时器1中断服务函数
入口参数:无
出口参数:无
返回值:无
* * * * * * * * * * * * * * * * * * * * * * * * * * * * * * * * */
#pragma vector=T1_VECTOR
__interrupt void T1_INT(void)
```

```
    {
        T1STAT &=~0x20;              //清除定时器1溢出中断标志位
        t1_Count++;                  //定时器1溢出次数加1,溢出周期为0.5 s
        if(t1_Count==3)              //如果溢出次数到达3说明经过了1.5 s
        {
            LED1=1;                  //点亮LED1
        }
        if(t1_Count==4)              //如果溢出次数到达4说明经过了2 s
        {
            LED1=0;                  //熄灭LED1
            t1_Count=0;              //清零定时器1溢出次数
        }
    }
}
////////////////////////////////////////////////////////////////////
```

步骤4：下载并调试程序，请自行完成。

任务二　LED 灯周期性闪烁

【任务描述】

使用 CC2530 单片机内部定时/计数器来控制 LED1 进行周期性闪烁，具体闪烁效果要求如下：
1) 上电后 LED1 每隔 2 s 闪烁一次；
2) LED1 每次闪烁点亮时间为 0.5 s。

 任务分析

选用定时器1，让其每隔固定时间产生一次中断请求，在定时器1的中断服务函数中判断时间是否到达 1.5 s，如果到达 1.5 s 则直接在中断服务函数中点亮 LED1，当到达 2 s 时再熄灭 LED1。

 任务实施

步骤1：绘制程序流程图。

图 6-13 为中断服务函数程序流程图。

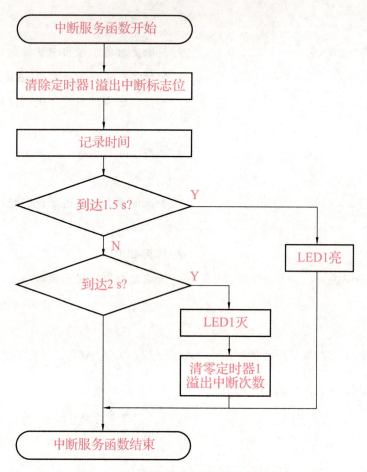

图 6-13 中断服务函数程序流程图

步骤 2：编写代码。

参考代码如下：

```
////////////////////////////////////////////////////////////////
#include "ioCC2530.h"           //引用 CC2530 头文件
#define LED1 (P1_0)             //LED1 端口宏定义
unsigned char t1_Count=0;       //定时器 1 溢出次数计数
/* * * * * * * * * * * * * * * * * * * * * * * * * * * * * * * *
函数名称:main
功    能:程序主函数
入口参数:无
出口参数:无
返 回 值:无
* * * * * * * * * * * * * * * * * * * * * * * * * * * * * * * */
void main(void)
{
    /* * * * * * * * * * * * LED1 初始化部分* * * * * * * * * * * */
    P1SEL &= ~0x01;             //设置 P1_0 为普通 I/O 端口
```

```c
    P1DIR |=0x01;                   //设置 P1_0 为输出端口
    LED1=0;                         //熄灭 LED1
    //默认 16 MHz 设置时间为 0.5 s
    /* * * * * * * * * * * * * * 定时器 1 初始化部分* * * * * * * * * * * * * */
    T1CTL |=0x0c;                   //定时器 1 时钟频率 128 分频
    T1CC0L=0x12;                    //设置最大计数值低 8 位
    T1CC0H=0x7A;                    //设置最大计数值高 8 位
    T1IE=1;                         //使能定时器 1 中断
    T1OVFIM=1;                      //使能定时器 1 溢出中断
    EA=1;                           //使能总中断
    T1CTL |=0x03;                   //定时器采用正计数/倒计数模式
    while(1);//程序主循环
}
/* * * * * * * * * * * * * * * * * * * * * * * * * * * * * * * * * * * * *
函数名称:T1_INT
功    能:定时器 1 中断服务函数
入口参数:无
出口参数:无
返 回 值:无
* * * * * * * * * * * * * * * * * * * * * * * * * * * * * * * * * * * * */
#pragma vector=T1_VECTOR
__interrupt void T1_INT(void)
{
    T1STAT &=~0x20;                 //清除定时器 1 溢出中断标志位
    t1_Count++;                     //定时器 1 溢出中断次数加 1,溢出中断周期为 0.5 s
    if(t1_Count==3)                 //如果溢出次数到达 3 说明经过了 1.5 s
    {
        LED1=1;                     //点亮 LED1
    }
    if(t1_Count==4)                 //如果溢出次数到达 4 说明经过了 2 s
    {
        LED1=0;                     //熄灭 LED1
        t1_Count=0;                 //清零定时器 1 溢出中断次数
    }
}
///////////////////////////////////////////////////////////////////////////
```

【想一想】t1_ Count 的作用是什么？如果要定时 1 h 再让 LED 灯状态变化，应该怎样修改程序？

步骤 3：下载并调试程序，请自行完成。

拓展任务

修改 LED 灯闪烁的频率：要求亮 2 s，灭 1 s。根据要求，编写 C 语言源程序，并进行仿真调试。完成表 6-7。

表 6-7　LED 灯亮 2 s，灭 1 s 的程序

程序流程图	C 语言源程序	程序注释

任务三　用定时器 1 控制流水灯

任务描述

使用定时器 1 控制流水灯，按下按键后，每隔 1 s，2 个 LED 灯轮流亮，具体如下：

1) 上电灯全灭；
2) 按下 SW1 键；
3) 1 s 后 LED1 灯亮；
4) 再过 1 s 后 LED1 灭，LED2 亮；
5) 再过 1 s 后 LED1 亮，LED2 灭；
6) 回到第 4) 步，循环往复。

任务分析

定时器 1 实现 1 s 定时的方法有以下 3 点。

1）设置定时器 1 的工作模式为正计数/倒计数模式。

2）计算分频后的时钟频率和周期。

若时钟频率 f 设置为 16 MHz，内部分频器的分频系数设置为 128，则分频后的时钟频率 f_{128} 和周期 T_{128} 如下：

$f_{128} = f/128 = 16/128$ MHz

$T_{128} = 1/f_{128} = 1/(16/128$ MHz$) = 0.008$ ms

3）计算定时器 1 溢出计数值。

在正计数/倒计数模式下，定时时间会加倍，若要求的定时时间为 1 s，则只需要定时 0.5 s 即可。

定时时间 $t = 0.5$ s $= 500$ ms

定时器 1 溢出计数值 $= t/T_{128} = 500$ ms$/0.008$ ms $= 62\ 500 = 0xf424$（16 进制）

任务实施

步骤 1：绘制主函数程序流程图。

主函数程序流程图如图 6-14 所示。

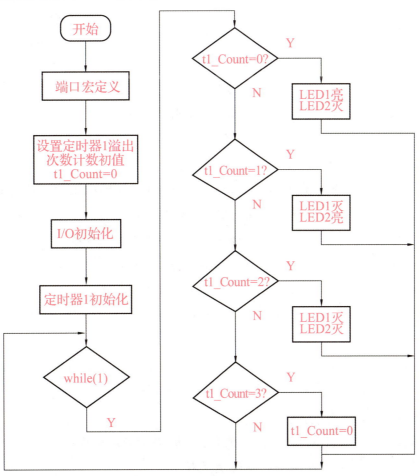

图 6-14 定时器 1 控制流水灯

步骤2：编写代码。

参考代码如下：

```c
////////////////////////////////////////////////////////////////////////////
#include "ioCC2530.h"              //引用CC2530头文件


#define LED1 P1_0                  //LED1端口宏定义
#define LED2 P1_1
#define SW1 P1_2
unsigned char t1_Count=0;          //定时器1溢出次数计数
/* * * * * * * * * * * * * * * * * * * * * * * * * * * * * * * * * * * * *
函数名称:main
功    能:程序主函数
入口参数:无
出口参数:无
返回值:无
* * * * * * * * * * * * * * * * * * * * * * * * * * * * * * * * * * * * */
void main(void)
{
    /* * * * * * * * * * * * * LED1初始化部分* * * * * * * * * * * * * * */
    P1SEL &=~0x03;                 //设置2只灯为普通I/O端口 0000 0011
    P1DIR |=0x03;                  //设置2只灯口为输出口
    LED1=0;                        //熄灭LED1
    LED2=0;                        //熄灭LED2
    //默认16 MHz,128分频后125 000,正计数/倒计数模式,所以再除2得设置值为62 500
    /* * * * * * * * * * * * * 定时器1初始化部分* * * * * * * * * * * * * */
    T1CTL |=0x0c;                  //定时器1时钟频率128分频
    T1CC0L=0x24;                   //设置最大计数值低8位
    T1CC0H=0xF4;                   //设置最大计数值高8位
    T1IE=1;                        //使能定时器1中断
    T1OVFIM=1;                     //使能定时器1溢出中断
    T1CTL |=0x03;                  //定时器1采用正计数/倒计数模式
    /* * * * * * * * * * * * * * * * * * * * * * * * * * * * * * * * * * */
    while(SW1! =0);
    EA=1;                          //使能总中断,即打开定时器
    while(1)                       //程序主循环
    {
```

```c
            switch(t1_Count)
            {
                case 0:
                {
                    LED1=1;
                    LED2=0;
                    break;
                }
                case 1:
                {
                    LED1=0;
                    LED2=1;
                    break;
                }
                case 2:
                {
                    LED1=0;
                    LED2=0;
                    break;
                }
                case 3:
                {
                    t1_Count=0;
                    break;
                }
            }
        }
}
/****************************************
函数名称:T1_INT
功    能:定时器1中断服务函数
入口参数:无
出口参数:无
返 回 值:无
****************************************/
#pragma vector=T1_VECTOR
__interrupt void T1_INT(void)
```

```
    {
        T1STAT &= ~0x20;              //清除定时器1溢出中断标志位
        t1_Count++;                   //定时器1溢出中断次数加1,溢出周期为0.5 s
    }
```

步骤3：下载并调试程序，请自行完成。

任务四　利用定时器和外中断实现智能家居控制

任务描述

风扇和卧室灯由两个继电器控制，现需要完成接线任务，其中风扇由 OUT0 口（P1.5）输出信号控制，卧室灯由 OUT1 口（P1.6）输出信号控制，LED1 灯接 P1.0，LED2 接 P1.1。具体控制效果如下。

1）初始状态：2 个 LED 彩灯轮流闪烁 3 次（每秒变化 1 次），然后熄灭。

2）第 1 次按键并松开：风扇停，卧室灯亮 10 s，然后熄灭。

3）第 2 次按键并松开：风扇转动 10 s，然后停止，卧室灯常亮。

4）第 3 次按键并松开：卧室灯灭，风扇停止转动，LED1 秒闪（1 s 变化 1 次），LED2 灭。

5）第 4 次按键并松开：LED1 和 LED2 全亮，卧室灯灭，风扇停。

6）第 5 次按键并松开：返回步骤 2）。

任务实施

步骤1：绘制智能家居控制电路方框图。

智能家居控制电路方框图如图 6-15 所示。

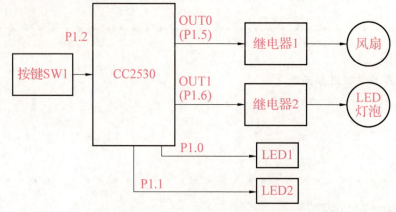

图 6-15　智能家居控制电路方框图

步骤2：绘制程序流程图。

主函数流程图、外中断服务函数流程图、定时器1中断服务函数流程图分别如图6-16~图6-18所示。

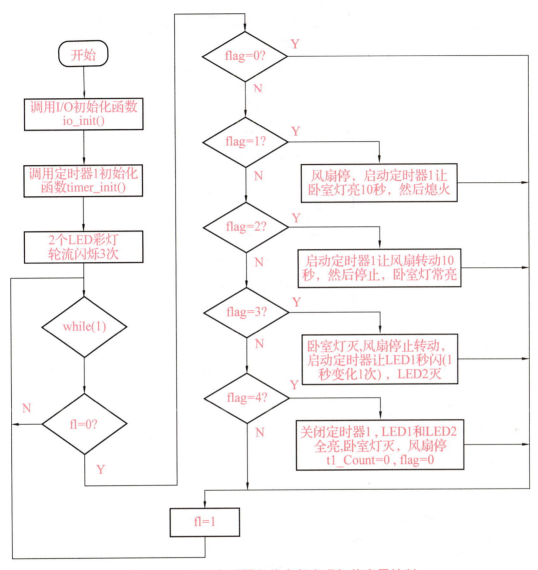

图6-16 利用定时器和外中断实现智能家居控制

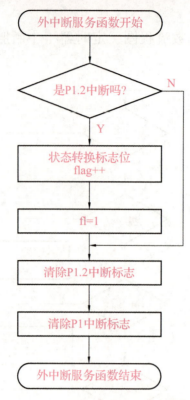

图 6-17　外中断服务函数流程图

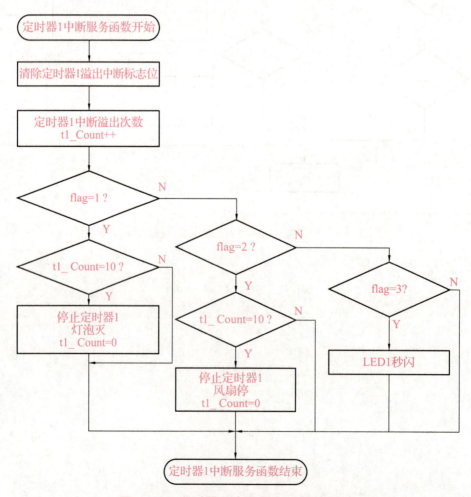

图 6-18　定时器 1 中断服务函数流程图

步骤3：编写代码。

参考代码如下：

```c
///////////////////////////////////////////////////////////////
#include "ioCC2530.h"              // 引用头文件,包含对CC2530的寄存器、中断向量等的定义
//定义 LED 灯端口
#define LED1 P1_0                  // P1_0 定义为 P1.0
#define LED2 P1_1                  // P1_1 定义为 P1.1
#define FS   P1_5                  // P1_5 定义为 P1.5
#define DENG P1_6                  // P1_6 定义为 P1.6
#define SW1  P1_2                  // P1_2 定义为 SW1
unsigned int flag=0;               //定义变量记录按键次数
unsigned int f1=0;                 //定义变量记录按键次数
unsigned char t1_Count=0;          //定时器1溢出次数计数
/* * * * * * * * * * * * * * * * * * * * * * * * * * * * * * *
*  函数名称:delay
*  功    能:软件延时
*  入口参数:无
*  出口参数:无
*  返回值:无
* * * * * * * * * * * * * * * * * * * * * * * * * * * * * * */
void delay(unsigned int time)
{
unsigned int i;
    unsigned char j;
    for(i=0;i < time;i++)
    {
        for(j=0;j < 240;j++)
        {
            asm("NOP");            // asm是内嵌汇编,NOP是空操作,执行一个指令周期
            asm("NOP");
            asm("NOP");
        }
    }
}
/* * * * * * * * * * * * * * * * * * * * * * * * * * * * * * *
*  函数名称:io_init
```

```
  *  功    能:初始化系统I/O,外中断控制状态寄存器
  *  入口参数:无
  *  出口参数:无
  *  返回值:无
  * * * * * * * * * * * * * * * * * * * * * * * * * * * * * * * * * * * * */
void io_init()
{
    P1SEL &=~0x67;      //设置P1.6、P1.5、P1.2、P1.1、P1.0为普通I/O端口
    P1DIR |=0x63;       //设置P1.6、P1.5、P1.1、P1.0为输出端口
    P1DIR &=~0x04;      //设置SW1按键在P1.2,设定为输入端口
    PICTL &=~0x02;      //配置P1端口的中断边沿为上升沿产生中断
    P1IEN |=0x04;       //使能P1.2中断
    IEN2  |=0x10;       //使能P1端口中断
    EA=1;               //使能全局中断
}
/* * * * * * * * * * * * * * * * * * * * * * * * * * * * * * * * * * * * *
  *  函数名称:timer1_init
  *  功    能:初始化定时器1控制状态寄存器
  *  入口参数:无
  *  出口参数:无
  *  返回值:无
  * * * * * * * * * * * * * * * * * * * * * * * * * * * * * * * * * * * * */
void timer1_init()
{
/* * * * * * * * * * * * * * * * * * * * * * * * * * * * * * * * * * * * *
    1 s定时方法:默认时钟频率为16 MHz,128分频后,每秒计数次数为125 000,为正计数/倒计数
模式,所以再除2得设置值为62 500,16进制数就是F424
    * * * * * * * * * * * * * 定时器1初始化部分* * * * * * * * * * * * * */
    T1CTL  |=0x0c;      //定时器1时钟频率128分频
    T1CC0L=0x24;        //设置最大计数值低8位
    T1CC0H=0xF4;        //设置最大计数值高8位
    T1CTL  |=0x03;      //定时器1采用正计数/倒计数模式
    T1IE=1;             //使能定时器1中断
    T1OVFIM=1;          //使能定时器1溢出中断
    EA=1;               //使能全局中断
}
/* * * * * * * * * * * * * * * * * * * * * * * * * * * * * * * * * * * * *
```

```
*   函数名称:EINT_ISR
*   功    能:外部中断服务函数
*   入口参数:无
*   出口参数:无
*   返回值:无
* * * * * * * * * * * * * * * * * * * * * * * * * * * * * * * * * * * /
#pragma vector=P1INT_VECTOR
__interrupt void EINT_ISR(void)
{
    /* 若是P1.2产生的中断 */
    if(P1IFG & 0x04)
    {
        flag++;
        fl=1;
    }
    P1IFG &=~0x04;                      // 清除P1.2中断标志
    P1IF=1;                             // 清除P1中断标志
}
/* * * * * * * * * * * * * * * * * * * * * * * * * * * * * * * * * * *
函数名称:T1_INT
功    能:定时器1中断服务函数
入口参数:无
出口参数:无
返回值:无
* * * * * * * * * * * * * * * * * * * * * * * * * * * * * * * * * * * /
#pragma vector=T1_VECTOR
__interrupt void T1_INT(void)
{
    T1STAT &=~0x20;                     //清除定时器1溢出中断标志位
    t1_Count++;                         //定时器1中断溢出次数加1
    if(flag==1)
    {
        if(t1_Count==10)
        {
            DENG=0;T1IE=0;t1_Count=0;   //卧室灯亮10 s后熄灭,关闭定时器1
        }
    }
```

```c
        else if(flag==2)
        {
            if(t1_Count==10)
            {
                FS=0;T1IE=0;t1_Count=0;      //风扇转动10 s后停止,关闭定时器1
            }
        }
        else if(flag==3)                     //LED1秒闪
        {
            LED1=~LED1;
        }
}
/***********************************************************
* 函数名称:main
* 功    能:main函数入口
* 入口参数:无
* 出口参数:无
* 返 回 值:无
***********************************************************/
void main(void)
{
    io_init();                               //调用I/O初始化函数,P1.6、P1.5、P1.1、P1.0
                                             //  为输出端口,P1.2为输入端口
    timer1_init();                           //调用定时器1初始化函数
    LED1=1;LED2=0;FS=0;DENG=0;
    for(int i=0;i<4;i++)
    {
        if(i==3)
        {
            LED1=0;LED2=0;                   //两个LED灯闪烁3 s后熄灭
        }
        else
        {
            LED1=~LED1;                      //两个LED灯秒闪
            LED2=~LED2;
            delay(3300);
        }
```

```
        }
        while(1)
        {
            if(f1==0)
            {
                switch(flag)
                {
                    case 1:T1IE=1;FS=0;LED1=0;LED2=0;DENG=1;break;
//风扇停,卧室灯亮,两个LED灯灭,启动定时器1
                    case 2:DENG=1;T1IE=1;FS=1;break;
//风扇转动,卧室灯亮,启动定时器1
                    case 3:DENG=0;FS=0;T1IE=1;break;
//卧室灯灭,风扇停止转动,启动定时器1
                    case 4:T1IE=0;t1_Count=0;LED1=1;LED2=1;DENG=0;FS=0;flag=0;break;
//LED1和LED2亮,卧室灯灭,风扇停,关闭定时器1
                }
            {
                f1=1;
            }
        }
    }
////////////////////////////////////////////////////////////////////////////
```

【思考】变量 f1 在程序中起什么作用？

步骤 4：下载并调试程序，请自行完成。

拓展任务

1. 利用定时器控制 LED 灯，要求：当按键按下时，LED 按照指定频率闪烁（如亮 2 s、灭 1 s，循环往复），再次按下后 LED 则停止闪烁。根据要求，编写 C 语言源程序，然后调试程序。完成表 6-8。

2. 定时时间为 3 s，每 3 s LED 灯状态改变一次，要求将时钟频率设置为 32 MHz，时钟分频系数设置为 128，采用通道 0 比较计数工作模式，每 0.2 s 执行一次定时器中断服务函数。完成表 6-9。

表 6-8 拓展任务 1 的程序

程序流程图	C 语言源程序	程序注释

表 6-9 拓展任务 2 的程序

程序流程图	C 语言源程序	程序注释

项目小结

在本项目中主要学习了如下知识和技能:

1) CC2530 单片机定时器的工作原理;
2) CC2530 单片机定时器的配置及应用方法;
3) CC2530 单片机定时器中断服务函数的编写方法。

项目评价

对本项目学习效果进行评价,完成表 6-10。

表 6-10　项目评价反馈表

评价内容	分值	自我评价	小组评价	教师评价	综合	备注
任务一	15					
任务二	15					
任务三	20					
任务四	20					
拓展任务	10					
职业素养	20					
合计	100					
取得成功之处						
有待改进之处						
经验教训						

习　题

一、单选题

1. C 语言中宏定义使用的关键字是(　　)。

A. enum　　　　　　B. define　　　　　　C. void　　　　　　D. unsigned

2. 在 C 语言里,以下函数的声明语句,正确的是(　　)。

A. double fun(int x;int y);　　　　　　B. double fun(int x;int y);

C. double fun(int x;int y);　　　　　　D. double fun(int x;y);

3. 在 CC2530 单片机定时器 1 工作模式中,从 0x0000 计数到 T1CC0 并且从 T1CC0 计数到 0x0000 的工作模式是(　　)。

A. 自由运行模式　　　　　　　　　　　B. 模模式

C. 正计数/倒计数模式　　　　　　　　　D. 倒计数模式

4. 在 CC2530 单片机中,叫作 MAC 定时器的是(　　)。

A. 定时器 1　　　　B. 定时器 2　　　　C. 定时器 3　　　　D. 定时器 4

5. 在 CC2530 单片机中,在 "CLKCONCMD&=0x80;T1CTL|=0x0E;" 条件下,如果输出比较值是 50 000,则每个中断周期是(　　)。

A. 2 s　　　　　　B. 0.2 s　　　　　　C. 1 s　　　　　　D. 0.1 s

6. 在 CC2530 单片机中,关于定时器 1 说法正确的是(　　)。

A. 在自由模式下,最大计数值由 T1CC0 决定

B. 有 0~4 共 5 个捕捉/比较通道,有 5 对 T1CCxH 和 T1CCxL 寄存器

C. 与定时器 3 最大计数值一样

D. 以上都不正确

二、多选题

1. 在 C 语言中进行函数调用时，以下说法错误的是(   )。

 A. 函数调用后必须带回返回值

 B. 实际参数和形式参数可以同名

 C. 函数间的数据传递不可以使用全局变量

 D. 主调函数和被调函数总是在同一个文件里

2. 在 CC2530 单片机中，若采用 16 MHz 的 RC 振荡器作为时钟源并使用 16 位的定时器 1，则下面关于定时器 1 说法正确的是(   )。

 A. 最大计数值为 65 535

 B. 采用 128 分频时，最大定时时长为 524.3 ms

 C. 使用 T1CCH 和 T1CC0L 分别存放计数值的高、低位值

 D. 采用模模式时，不能使用溢出中断

3. 在 CC2530 单片机中，对于定时器 1 在使用方法上的说法正确的是(   )

 A. 要使用控制寄存器设配置定时器的分频系数、运行模式

 B. 要设置中断方式是溢出中断或者是通道捕获/比较中断

 C. 要使能定时器中断

 D. 要使能全局中断

三、简答题

1. CC2530 单片机定时器有几种工作模式？

2. 什么是定时/计数器？简述定时/计数器的作用。

项目七

社区安防系统——CC2530 单片机串口应用

 项目描述

  某智慧小区,需要设计一个社区安防系统,要求能通过串口实时接收单片机采集的数据,检测是否有陌生人闯入,同时检测火情,如图 7-1 所示。本项目的主要任务是采用串口将单片机采集的人体红外传感数据上传至上位机。

图 7-1 社区安防系统

学习目标

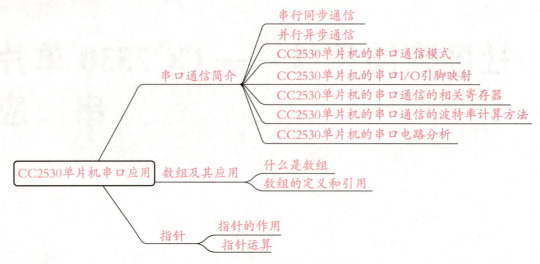

【知识目标】

1) 了解串口通信的基本概念。

2) 了解 CC2530 单片机串口通信模式。

3) 了解 CC2530 单片机串口 I/O 引脚映射方法。

4) 掌握 CC2530 单片机串口相关寄存器的配置方法。

【技能目标】

能熟练编写串口应用程序从而实现上位机与单片机之间的数据发送及接收。

【素养目标】

1) 培养沟通交流及团队合作意识。

2) 养成规范操作的职业习惯。

3) 培养精益求精的工匠精神。

 设备及材料准备

CC2530 单片机开发板 1 套，CC Debugger 仿真器 1 套，计算机 1 台。

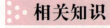

一、串口通信简介

数据通信时，根据 CPU 与外设之间的连线结构和数据传送方式的不同，可将通信方式分为并行通信和串行通信。

并行通信是指数据的各位同时发送或接收，每个数据位使用单独的一条导线，有多少位数据需要传送就需要有多少条数据线。并行通信的特点是各位数据同时传送，传送速度快、效率高，但需要较多的数据线，因此传送成本高，干扰大，可靠性较差，一般适用于短距离数据通信，是多用于计算机内部的数据传送方式。

串行通信是指数据一位接一位顺序发送或接收。串行通信的特点是数据按位顺序进行，最少只需一根数据传输线即可完成，传输成本低但传送数据速度慢，一般用于较长距离的数据传送。串行通信又分串行同步通信和串行异步通信。

1. 串行同步通信

串行同步通信中，所有设备使用同一个时钟，以数据块为单位传送数据，每个数据块包括同步字符、数据块和校验字符。同步字符位于数据块的开头，用于确认数据字符的开始；接收时，接收设备连续不断地对传输线采样，并把接收到的字符与双方约定的同步字符进行比较，只有比较成功后才会把后面接收到的字符加以存储。

串行同步通信的优点是数据传输速率高，缺点是要求发送时钟和接收时钟要保持严格同步。在数据传送开始时先用同步字符来指示，同时传送时钟信号来实现发送端和接收端同步，即检测到规定的同步字符后，接着就连续按顺序传送数据。这种传送方式对硬件结构要求较高。

2. 串行异步通信

串行异步通信中，每个设备都有自己的时钟信号，通信中双方的时钟频率保持一致。串行异步通信以字符为单位进行数据传送，每一个字符均按照固定的格式传送，又被称为帧，即异步串行通信一次传送一个帧。

每一帧数据由起始位（低电平）、数据位、奇偶校验位（可选）、停止位（高电平）组成。串行异步通信数据帧格式如图7-2所示。

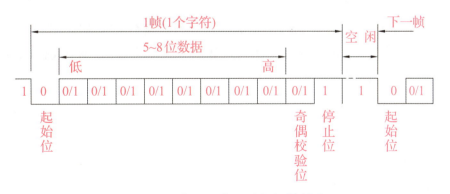

图7-2 串行异步通信数据帧格式

起始位：发送端通过发送起始位而开始一帧数据的传送；起始位使数据线处于逻辑0，用来表示一帧数据的开始。

数据位：起始位之后就开始传送数据位；在数据位中，低位在前，高位在后；数据的位数可以是5、6、7或者8。

奇偶校验位：是可选项，双方根据约定用来对传送数据的正确性进行检查；可选用奇校验、偶校验和无校验位。

停止位：在奇偶检验位之后，停止位使数据线处于逻辑1，用以标志一个数据帧的结束；停止位逻辑值1的保持时间可以是1、1.5或2位，根据通信双方需要确定。

空闲位：在一帧数据的停止位之后，线路处于空闲状态，可以是很多位，线路上对应的逻辑值是1，表示一帧数据结束，下一帧数据还没有到来。

3. CC2530单片机的串口通信模式

CC2530单片机的串口具有两种通信模式：通用异步收发器模式（Universal Asynchronous Receiver and Transmitter，UART）和串行外设接口模式（Serial Peripheral Interface，SPI）。

（1）UART模式

UART模式下需完成如下配置：

1）设置8位或者9位有效数据；

2）设置奇校验、偶校验或者无奇偶校验；

3）配置起始位和停止位电平；

4）配置最低有效位（LSB）或者最高有效位（MSB）首先传送；

5）配置收发中断；

6）配置收发DMA触发；

7）配置奇偶校验和数据帧错误状态指示。

UART模式提供全双工传送，接收器中的位同步不影响发送功能。传送1个UART字节包含1个起始位、8个数据位、1个作为可选项的第9位数据或者奇偶校验位再加上1个或2个停止位。实际发送的帧包含8位或者9位，但是数据传送只涉及1个字节。

（2）SPI模式

SPI是Motorola公司推出的一种同步串行接口，用于CPU与各种外围器件进行全双工、同步串行通信。它只需4条线就可以完成单片机与各种外围器件的通信，这4条线分别是：串行时钟线（SCK）、主机输入/从机输出数据线（MISO）、主机输出/从机输入数据线（MOSI）、低电平有效从机选择线（CS）。

SPI模式下需完成如下配置：

1）主从模式选择；

2）SCK极性和时钟选择配置；

3）LSB和MSB传送顺序配置；

4）3线或4线接口配置。

4. CC2530单片机的串口I/O引脚映射

CC2530单片机有两个串口，其名称分别为通用同步/异步收发器0（USART 0）和通用同步/异步收发器1（USART 1），这两个串口具有相同的功能，可以按照表7-1配置各自的串口I/O引脚。在UART模式中，可使用RX（Receive Data）、TX（Transmit Data）的两线制通信。也可以采用RX、TX、RT（Request To Send）和CT（Clear To Send）的四线制通信。其中，

TX 表示发送数据，RX 表示接收数据，RT 表示请求发送，CT 表示清除发送。

表 7-1 USART 的 I/O 引脚映射表

外设/功能	P0								P1							
	7	6	5	4	3	2	1	0	7	6	5	4	3	2	1	0
USART 0 UART			RT	CT	TX	RX										
Alt. 2											RX	TX	RT	CT		
USART 1 UART			RX	TX	RT	CT										
Alt. 2											RX	TX	RT	CT		

根据映射表可知，当串口处于 UART 工作模式时，若采用 2 线制，则 UART0 和 UART1 对应的外部 I/O 引脚分别为

位置 1：RX0——P0_2   TX0——P0_3   RX1——P0_5   TX1——P0_4

位置 2：RX0——P1_5   TX0——P1_4   RX1——P1_7   TX1——P1_6

5. CC2530 单片机串口通信的相关寄存器

对于 CC2530 单片机的每个 USART 串口，有 5 个寄存器，分别为串口 USARTx 的控制和状态寄存器（UxCSR）、串口 USARTx 的控制寄存器（UxUCR）、串口 USARTx 的通用控制寄存器（UxGCR）、串口 USARTx 的接收/发送数据缓冲寄存器（UxBUF）和串口 USARTx 的波特率控制寄存器（UxBAUD）。

1) 串口 USARTx 的控制和状态寄存器（UxCSR）的各位功能表如表 7-2 所示，表中包括 UxCSR 寄存器各位名称、复位后的默认值、是否可写可读及其功能描述。注意：x 是 USART 的编号，分别表示 USART0 或 USART1。

表 7-2 串口 USARTx 的控制和状态寄存器（UxCSR）的各位功能表

位	名称	复位值	操作	描述
7	MODE	0	R/W	串口 USART 模式选择 0：SPI 模式 1：UART 模式
6	REN	0	R/W	UART 接收器使能 0：禁用接收器 1：启用接收器
5	SLAVE	0	R/W	SPI 主从模式选择 0：SPI 主模式 1：SPI 从模式
4	FE	0	R	UART 数据帧错误状态 0：无数据帧错误 1：字节收到不正确的停止位

续表

位	名称	复位值	操作	描述
3	ERR	0	R	UART 奇偶错误状态 0：无奇偶错误检测 1：字节收到奇偶错误
2	RX_BYTE	0	R	接收字节状态 0：没有接收到字节 1：准备好接收字节
1	TX_BYTE	0	R	发送字节状态 0：没有字节被发送 1：写到数据缓存寄存器的最后字节被发送
0	ACTIVE	0	R	发送和接收活动状态 0：USART 空闲 1：USART 忙

2）串口 USARTx 的控制寄存器（UxUCR）的各位功能表如表 7-3 所示，表中包括 UxUCR 寄存器各位名称、复位后的默认值、是否可写可读及其功能描述。

表 7-3　串口 USARTx 的控制寄存器（UxUCR）的各位功能表

位	名称	复位值	操作	描述
7	FLUSH	0	W	清除单元
6	FLOW	0	R/W	硬件流控制使能 0：流控制禁止 1：流控制使能
5	D9	0	R/W	奇偶校验位 0：奇校验 1：偶校验
4	BIT9	0	R/W	9 位数据使能 0：8 位传送 1：9 位传送（带奇偶校验位）
3	PARITY	0	R/W	奇偶校验使能 0：禁用奇偶校验 1：使能奇偶校验
2	SPB	0	R/W	要传送的停止位的位数 0：1 位停止位 1：2 位停止位
1	STOP	1	R/W	停止位电平（停止位电平必须与起始位不同） 0：停止位低电平 1：停止位高电平

位	名称	复位值	操作	描述
0	START	0	R/W	起始位电平 0：起始位低电平 1：起始位高电平

3）串口 USARTx 的通用控制寄存器（UxGCR）的各位功能表如表 7-4 所示，表中包括 UxGCR 寄存器各位名称、复位后的默认值、是否可写可读及其功能描述。

表 7-4 串口 USARTx 的通用控制寄存器（UxGCR）的各位功能表

位	名称	复位值	操作	描述
7	CPOL	0	W	SPI 的时钟极性选择位 0：负时钟极性 1：正时钟极性
6	CPHA	0	R/W	SPI 的时钟相位选择位 0：当 SCK 从 0 到 1 时数据输出到 MOSI，并且当 SCK 从 1 到 0 时，MISO 数据输入 1：当 SCK 从 1 到 0 时数据输出到 MOSI，并且当 SCK 从 0 到 1 时，MISO 数据输入
5	ORDER	0	R/W	传送位顺序 0：LSB 先传送 1：MSB 先传送
4：0	BAUD_E[4：0]	0	R/W	波特率指数值。BAUD_E 和 BAUD_M 共同决定 UART 波特率和 SPI 的主 SCK 时钟频率

4）串口 USARTx 的接收/发送数据缓冲寄存器（UxBUF）的各位功能表如表 7-5 所示，表中包括 UxBUF 寄存器各位名称、复位后的默认值、是否可写可读及其功能描述。

表 7-5 串口 USARTx 的接收/发送数据缓冲寄存器（UxBUF）的各位功能表

位	名称	复位值	操作	描述
7：0	DATA[7：0]	0x00	R/W	USART 接收和发送数据

5）串口 USARTx 的波特率控制寄存器（UxBAUD）的各位功能表如表 7-6 所示，表中包括 UxBAUD 寄存器各位名称、复位后的默认值、是否可写可读及其功能描述。

表 7-6 串口 USARTx 的波特率控制寄存器（UxBAUD）的各位功能表

位	名称	复位值	操作	描述
7：0	BAUD_M[7：0]	0x00	R/W	波特率小数部分数值。BAUD_E 和 BAUD_M 共同决定 UART 波特率和 SPI 的主 SCK 时钟频率

6. CC2530 单片机串口通信的波特率计算方法

当 CC2530 单片机串口采用 UART 模式时，由 UxBAUD.BAUD_M[7:0] 和 UxGCR.BAUD_E[4:0] 来配置串口波特率发生器的波特率，其单位为 bit/s，波特率计算公式如下：

$$波特率 = \frac{(256 + \text{BAUD\_M}) \times 2^{\text{BAUD\_E}}}{2^{28}} \times f$$

其中，f 为单片机系统时钟频率，可设置为 32 MHz 或 16 MHz。

当单片机系统时钟频率为 32 MHz 时，标准波特率设置对照表（采用 32 MHz 系统时钟时）如表 7-7 所示。

表 7-7 标准波特率设置对照表（采用 32 MHz 系统时钟时）

波特率/(bit·s⁻¹)	UxBAUD.BAUD_M	UxGCR.BAUD_E	误差
2 400	59	6	0.14
4 800	59	7	0.14
9 600	59	8	0.14
14 400	216	8	0.03
19 200	59	9	0.14
28 800	216	9	0.03
38 400	59	10	0.14
57 600	216	10	0.03
76 800	59	11	0.14
115 200	216	11	0.03
230 400	216	12	0.03

7. CC2530 单片机的串口电路分析

要使用 CC2530 单片机和 PC 进行串行通信，需要了解串行通信接口。常用的串行通信接口标准有 RS232、RS422 和 RS485 等。由于 CC2530 单片机的输入/输出电平采用的是 TTL 逻辑电平，而上位机的串行通信接口为 RS232 协议的标准接口，两者采用的通信协议不一致。因此，为提高抗干扰能力，RS232 接口采用的是负逻辑电平，逻辑 0 电平为+5~+15 V，逻辑 1 电平为-15~-5 V。由于单片机的 TTL 逻辑电平和 RS232 完全不同，因此需使用电平转换芯片进行电平转换，这里采用的是 MAX3232 电平转换芯片。

串口通信电路通常采用三线制连接方式，CC2530 单片机与上位机的电平转换示意图如图 7-3 所示。将 CC2530 单片机和上位机的串口用 RXD、TXD、GND 3 条线连接起来，采用交叉连接方式，上位机的 RXD 与 CC2530 单片机的 TXD 相接，上位机的 TXD 与 CC2530 单片机的 RXD 相接，然后将 CC2530 单片机的地线 GND 与上位机的地线 GND 连接在一起。图 7-4 为

CC2530 单片机的串行通信模块接口电路原理图。

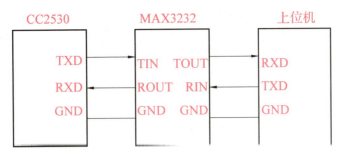

图 7-3　CC2530 单片机与上位机的电平转换示意图

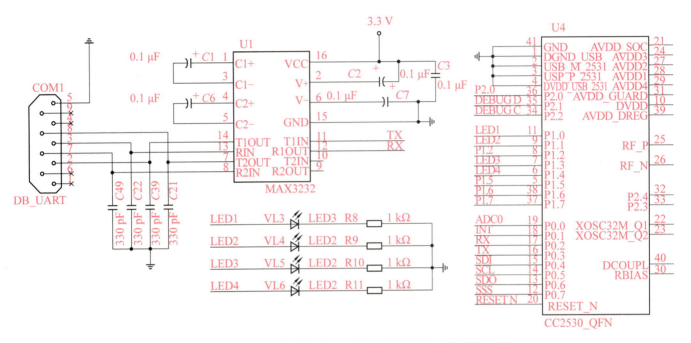

图 7-4　CC2530 单片机的串行通信模块接口电路原理图

二、数组及其应用

1. 什么是数组

所谓数组就是指具有相同数据类型的变量集，并拥有共同的名字。数组中的每个特定元素都使用下标来访问。数组由一段连续的存储地址构成，其中最低的地址对应第一个数组元素，最高的地址对应最后一个数组元素。

数组按照维数可分为一维数组、二维数组和多维数组，常用的是一维数组和二维数组；按照数据类型可分为整型数组、浮点型数组、字符型数组、指针型数组等，在单片机 C51 编程中常用的数据类型有整型数组和字符型数组。

2. 数组的定义和引用

（1）一维数组

一维数组的表达形式如下：

　　　　　　　　类型说明符　数组名［常量表达式］；

方括号中的常量表达式称为数组的下标。C语言中，下标是从0开始的。例如：

unsigned int a [3]；

这里定义了一个无符号的整型数组a，它有a [0] ~a [2] 共3个数组元素，每个元素均为无符号整型变量。

注意：

1）数组名与变量名一样，必须遵循标识符命名规则，数组名不能与其他变量名相同。

2）"数据类型"是指数组元素的数据类型，所有元素的数据类型都是相同的。

3）"常量表达式"必须用方括号括起来，指的是数组的元素个数（又称数组长度），它是一个整型值，其中可以包含常数和符号常量，但不能包含变量。

（2）二维数组

二维数组的格式如下：

类型说明符数组名 [下标1] [下标2]；

例如：

unsigned chara [2] [3]；//定义一个无符号字符型二维数组，共有2×3=6个元素

该数组中第1下标表示行，第2下标表示列，因此它是1个2行3列的数组，各数组元素的排列如下：

a [0] [0]　　a [0] [1]　　a [0] [2]

a [1] [0]　　a [1] [1]　　a [1] [2]

二维数组赋值可以采用以下两种方法。

1）按存储顺序整体赋值。例如：

unsigned int a[2][3]={0,1,2,3,4,5};

2）按行分段赋值，这种方法更加直观。例如：

unsigned int a[2][3]={{0,1,2},{3,4,5}};

三、指针

1. 指针的作用

1）提高程序的编译效率和执行速度。

2）通过指针可使主调函数和被调函数之间共享变量或数据结构，便于实现双向数据通信。

3）可以实现动态的存储分配。

4）便于表示各种数据结构，编写高质量的程序。

2. 指针运算

（1）取地址运算符 &

取地址运算符&用于求变量的地址。

（2）取内容运算符*

取内容运算符*用于表示指针所指的变量。

（3）赋值运算

1）把变量地址赋予指针变量。

2）同类型指针变量相互赋值。

3）把数组、字符串的首地址赋予指针变量。

4）把函数入口地址赋予指针变量

（4）加减运算

对指向数组、字符串的指针变量可以进行加减运算，如p+n，p-n，p++，p--等。对指向同一数组的两个指针变量可以相加减。对指向其他类型的指针变量作加减运算是无意义的。

（5）关系运算

指向同一数组的两个指针变量之间可以进行大于、小于、等于比较运算。指针可与0比较，p==0表示p为空指针。

例如，字符串发送函数中指针的应用，代码如下：

```
/////////////////////////////字符串发送函数///////////////////////////////
char data2[]="no body!";
void uart_tx_string(char * data_tx,int len)
{
    unsigned int j;
    for(j=0;j<len;j++)
    {
        U0DBUF=* data_tx++;
        while(UTX0IF==0);          //等待发送完成
        UTX0IF=0;                  //清除串口发送标志位
    }
}
uart_tx_string(data2,sizeof(data2));
/////////////////////////////////////////////////////////////////////////
```

函数uart_tx_string(char * data_tx, int len)的形参char * data_tx为指针变量，* data_tx表示取数组的首个元素的内容，data_tx++表示指针加1，指针移到下一个数组元素的位置。调用该函数时，实参为data2和data2的长度，数组名data2代表数组首个元素的地址。

项目任务

任务一　串口向上位机发送数据

任务描述

采用串口将人体红外传感器数据实时上传至上位机,用上位机的串口助手或应用程序显示"有人!"或"无人!"。

任务分析

首先完成串口的初始化,设置串口的时钟频率、工作模式、波特率等参数,然后将数据发送到串口发送数据缓冲区中,即可完成发送任务。

任务实施

步骤 1: 绘制程序流程图。

1) 主函数流程图。

主函数流程图如图 7-5 所示。

2) 串口初始化函数流程图。

串口初始化函数流程图如图 7-6 所示。

3) 串口发送字符串函数流程图。

串口发送字符串函数流程图如图 7-7 所示。

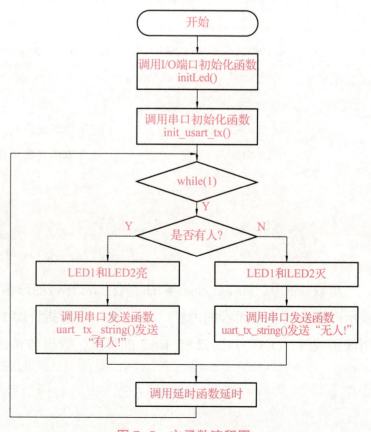

图 7-5　主函数流程图

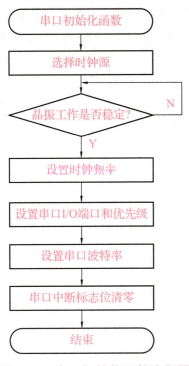

图 7-6 串口初始化函数流程图

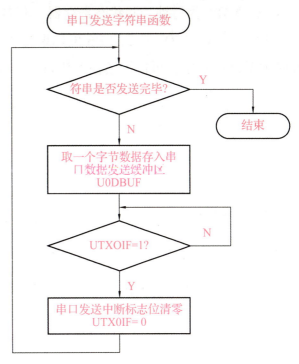

图 7-7 串口发送字符串函数流程图

步骤 2：编写代码。

1）串口初始化函数，代码如下：

```
void init_usart_tx()                    //初始化定时器1
{
    1   CLKCONCMD &=~0x7F;              //系统时钟源选择
    2   while(CLKCONSTA&0x40);          //等待晶振稳定
    3   CLKCONCMD &=~0x47;              //设置系统主时钟频率为 32 MHz
    4   PERCFG=0x00;
    5   P0SEL |=0x3C;                   //P0_2、P0_3、P0_4、P0_5 用于外设功能
    6   P2DIR &=~0xC0;
    7   U0CSR |=0x80;
    8   U0GCR=9;
    9   U0BAUD=59;
    10  UTX0IF=0;
}
```

代码分析：

CLKCONCMD 是时钟控制命令寄存器，其各位功能如表 7-8 所示。D6 位为系统时钟源选择位，置 1 时表示系统时钟使用由 RC 振荡器产生的时钟信号（最高频率为 16 MHz），清零时表示系统时钟使用由石英晶体振荡器产生的时钟信号（最高频率为 32 MHz）。最后 3 位 D2、D1 和 D0 位用于设置当前系统时钟频率。

CLKCONSTA 为时钟控制状态寄存器，其各位功能如表 7-9 所示。第 2 行代码用于等待时钟源稳定工作，CLKCONSTA 的 D6 位如果为 1 则表示系统时钟源尚未稳定，如果为 0 则表示系统时钟源已经稳定，可以继续往下执行。

表 7-8 时钟控制命令寄存器（CLKCONCMD）的各位功能

位	名称	复位值	操作	描述
7	……	……	……	……
6	OSC	1	R/W	系统时钟源选择 0：32 MHz XOSC 1：16 MHz RCOSC
5：3	……	……	……	……
2：0	CLKSPD	001	R/W	时钟速度设置。不能高于通过 OSC 位设置的系统时钟设置，表示当前系统时钟频率 000：32 MHz 001：16 MHz 010：8 MHz 011：4 MHz 100：2 MHz 101：1 MHz 110：500 kHz 111：250 kHz

注：省略号表示本项目暂时用不到这些位，故就作介绍，下同。

表 7-9 时钟控制状态寄存器（CLKCONSTA）的各位功能

位	名称	复位值	操作	描述
7	……	……	……	……
6	OSC	1	R/W	当前系统时钟源 0：32 MHz XOSC 1：16 MHz RCOSC
5：3	……	……	……	……
2：0	CLKSPD	001	R/W	当前时钟速度 000：32 MHz 001：16 MHz 010：8 MHz 011：4 MHz 100：2 MHz 101：1 MHz 110：500 kHz 111：250 kHz

PERCFG 为外设 I/O 配置寄存器，其各位功能如表 7-10 所示。D0 位为 USART 0 的 I/O 位置选择位，当该位为 0 时表示使用备用位置 1，否则使用备用位置 2（串口 I/O 位置说明参考表 7-1）。

P2DIR 的 D7 位和 D6 位用于设置端口 0 外设优先级，端口 2 方向和端口 0 外设优先级控制寄存器（PERCFG）的各位功能如表 7-11 所示。当 PERCFG 将一些外设分配到相同引脚时，这 2 位将确定优先级。

表 7-10　外设 I/O 配置寄存器（PERCFG）的各位功能

位	名称	复位后的默认值	是否可读写	描述
7：2	……	……	……	……
1	U1CFG	0	R/W	USART 1 的 I/O 位置选择 0：备用位置 1 1：备用位置 2
0	U0CFG	0	R/W	USART 0 的 I/O 位置选择 0：备用位置 1 1：备用位置 2

表 7-11　端口 2 方向和端口 0 外设优先级控制寄存器（PERCFG）的各位功能

位	名称	复位后的默认值	是否可读写	描述
7：6	PRIP0[1：0]	00	R/W	00 第 1 优先级：USART 0 第 2 优先级：USART 1 第 3 优先级：定时器 1 01 第 1 优先级：USART 1 第 2 优先级：USART 0 第 3 优先级：定时器 1 10 第 1 优先级：定时器 1 通道 0~1 第 2 优先级：USART 1 第 3 优先级：USART 0 第 4 优先级：定时器 1 通道 2~3 11 第 1 优先级：定时器 1 通道 2~3 第 2 优先级：USART 0 第 3 优先级：USART 1 第 4 优先级：定时器 1 通道 0~1
5：0	……	……	……	……

表 7-2 中，U0CSR 为 USART 0 的控制和状态寄存器，其 D7 位是串口 USART 模式选择位。若该位为 1，则表示串口工作于 UART 模式。第 7 行代码的作用是将 D7 位置 1，其他位保持不变，即将 USART0 设置为 UART 模式。

U0GCR 和 U0BAUD 寄存器用于设置串口波特率，可参考表 7-4 和表 7-6。通过查看表 7-7 可知，第 8 行和第 9 行代码的作用是将串口波特率设置为 19 200 bit/s。

2）串口发送字符串函数，代码如下：

```
void uart_tx_string(char * data_tx,int len)
{
10    unsigned int j;
11    for(j=0;j<len;j++)
12    {
13        U0DBUF=* data_tx++;
14        while(UTX0IF==0);
15        UTX0IF=0;
16    }
}
```

代码分析：

U0DBUF 为 USART0 的收发数据缓冲存储器。第 13 行代码的作用是将数组中的某一个字符的 ASCII 码值写入 U0DBUF。第 14 行代码是检测 USART0 的串口发送标志位 UTX0IF 是否为 1，若为 1 则表示发送成功；若为 0 则表示还没有发送完，需继续等待，直到发送成功为止。发送完毕后，需要手动将 UTX0IF 清零，为下一次发送数据做好准备。

参考代码如下：

```
//////////////////////////////////////////////////////////////
#include"ioCC2530.h"
#define BODY P0_1              // 人体红外感应信号
#define LED1 P1_0              // P1_0 定义为 LED1
#define LED2 P1_1              // P1_1 定义为 LED2

char data1[]="have body";
char data2[]="no body!";       //发送缓冲区

/* * * * * * * * * * * * * * * * * * * * * * * * * * * * * * * *
函数名称:delay
函数描述:串口发送延时函数
输入参数:unsigned int i
```

输出参数:无
* /
```c
void delay(unsigned int i)
{
    unsigned int j,k;
    for(k=0;k<i;k++)
        for(j=0;j<500;j++);
}
void init_usart_tx()                    //串口初始化函数
{
    CLKCONCMD &=~0x7F;                  //晶振选择为 32 MHz
    while(CLKCONSTA&0x40);              //等待晶振稳定
    CLKCONCMD &=~0x47;                  //设置系统主时钟频率为 32 MHz
    PERCFG=0x00;
    P0SEL |=0x3C;                       //P0_2、P0_3、P0_4、P0_5 用于外设功能
    P2DIR &=~0xC0;
    U0CSR |=0x80;
    U0GCR=9;
    U0BAUD=59;                          //波特率为 19 200 bit/s
    UTX0IF=0;
}
```

/* *

函数名称:uart_tx_string

函数描述:串口发送字符串函数

输入参数:char * data_tx,int len

输出参数:无

* /

```c
void uart_tx_string(char * data_tx,int len)
{
    unsigned int i;
    for(i=0;i<len;i++)
    {
        U0DBUF=* data_tx++;             //取一个字节数据存入串口数据发送缓冲区
        while(UTX0IF==0);               //等待发送完成
//若串口 USART0 的发送中断标志位 UTX0IF 为 1,表示发送成功
        UTX0IF=0;                       //串口发送中断标志位清零
```

}
}
/* * * * * * * * * * * * * * I/O初始化部分 * * * * * * * * * * * * * * /
void initLed()
{
    P1SEL &= ~0x07;   //设置 P1_0~P1_4 为普通 I/O 端口
    P1DIR |= 0x03;   //设置 P1_0、P1_1、P1_3、P1_4 为输出端口,P1_2 为输入端口
    LED1 = 0;   //LED1 和 LED2 灭
    LED2 = 0;

    P0SEL &= ~0x02;   //设置 P0_1 为普通 I/O 端口
    P0DIR |= ~0x02;   //设置 P0_1 为人体红外感应信号输入端口
}
/* * * * * * * * * * * * * * 主函数部分 * * * * * * * * * * * * * * /
void main(void)
{
    initLed();
    init_usart_tx();
    while(1)
    {
        if(BODY == 1)
        {
            LED1 = 0;   //LED 灭表示无人
            LED2 = 0;
            uart_tx_string(data1,sizeof(data1)-1);
        }
        else
        {
            LED1 = 1;   //LED 亮表示有人
            LED2 = 1;
            uart_tx_string(data2,sizeof(data2)-1);
        }
        {
            delay(1000);
        }
    }
}
//

步骤 3：下载并调试程序。

在上位机打开串口助手软件 SSCOM32，在该软件中将其串口的波特率设置为 19 200 bit/s，然后打开对应串口，编译、下载、调试 CC2530 单片机程序，串口接收到的信息如图 7-8 所示。无人时，串口会接收到"无人！"信息；若有人经过，则 CC2530 单片机开发板上的 LED 灯将被点亮，同时串口助手会收到"有人！"信息。

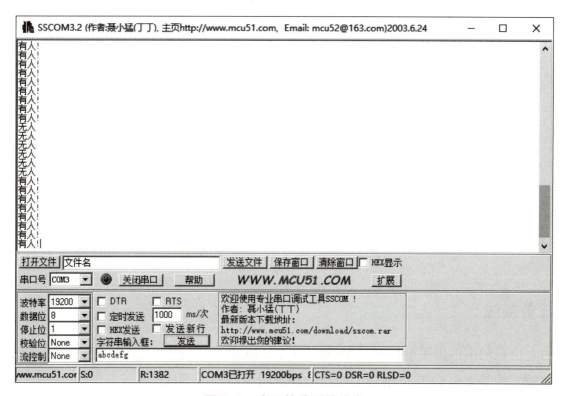

图 7-8　串口接收到的信息

拓展任务

1. 用按键控制信息的发送，按 KEY1 键向上位机发送"庆祝建党 100 周年！"，按 KEY2 键向上位机发送"祝贺火星车着陆！"，完成表 7-12。

表 7-12　拓展任务 1 的程序

程序流程图	C 语言源程序	程序注释

2. 定时向串口发送信息,每隔 5 s 发送一次"庆祝建党 100 周年!",完成表 7-13。

表 7-13　拓展任务 2 的程序

程序流程图	C 语言源程序	程序注释

 **任务二** 串口接收上位机控制指令

 任务描述

使用上位机的串口助手软件 SSCOM32 向 CC2530 单片机开发板发送控制指令,CC2530 单片机开发板上的某 2 个 LED 灯根据上位机的控制指令点亮或熄灭。

具体功能要求如下:

当 CC2530 单片机开发板通过串口接收到上位机串口助手软件发来的"#"指令时,表示开始接收控制指令。2 个 LED 灯分别用数字 1 和 2 表示。LED 灯的亮/灭两种状态使用数字"1"和"0"表示,"1"代表点亮 LED 灯,"0"代表熄灭 LED 灯。例如:若接收到控制指令"#21",则点亮 LED2;若接收到控制指令"#10",则熄灭 LED1。

 任务分析

首先初始化 I/O 端口和串口 UART0,设置串口 UART0 的波特率为 57 600 bit/s,然后根据串口中断标志位判断是否接收到串口数据,若接收到,则调用串口接收数据处理函数,读取串口发过来的数据。若首字节为"#",则表示接收到的为串口控制指令,将指令存入数据缓冲区,并解析接收到的指令,根据解析结果控制 2 个 LED 灯的亮、灭。

注意:上位机使用串口助手发送控制指令时,需要将波特率也设置为 57 600 bit/s,接收端才能正确接收到指令。

任务实施

步骤1：绘制程序流程图。

图7-9为主函数流程图，图7-10为串口接收数据处理函数流程图。

步骤2：编写代码。

1）编写I/O端口初始化函数。

2）编写串口初始化函数。

3）编写主函数。

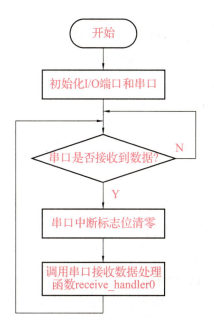

图7-9 主函数流程图

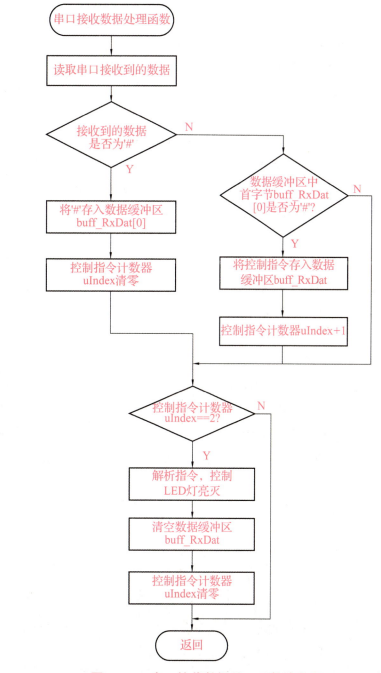

图7-10 串口接收数据处理函数流程图

参考代码如下：

```c
///////////////////////////////////////////////////////////////////////
#include "ioCC2530.h"
#include <string.h>
//定义 LED 灯端口
#define LED1 P1_0                       // P1_0 定义为 LED1
#define LED2 P1_1                       // P1_1 定义为 LED2
#define LED3 P1_3                       // P1_3 定义为 LED3
#define LED4 P1_4                       // P1_4 定义为 LED4


#define uint unsigned int
#define uchar unsigned char
#define DATABUFF_SIZE   3               //数据缓冲区大小

uchar  buff_RxDat[DATABUFF_SIZE+1];     //数据缓冲区
uchar  uIndex=0;                        //数据缓冲区的下标
/* * * * * * * * * * * * * * UART0 初始化函数 * * * * * * * * * * * * * */
void initUART0(void)
{
    PERCFG=0x00;                        //位置1为P0端口
    P0SEL=0x3c;                         //P0用作串口,P0.2、P0.3作为串口RX、TX
    U0BAUD=216;
    U0GCR=10;
    U0CSR |=0x80;                       // UART 模式
    U0UCR |=0x80;                       // 进行 USART 清除,并设置数据格式为默认值
    URX0IF=0;                           // 清零 UART0 RX 中断标志
    U0CSR |=0x40;                       //允许接收
    EA=1;                               //使能全局中断
}
/* * * * * * * * * * * * * 接收数据后处理函数 * * * * * * * * * * * * * */
void receive_handler(void)
{
    uchar onoff=0;                      //LED 灯的开关状态
    uchar c;
    c=U0DBUF;                           // 读取接收到的字节
    if(c=='#')
    {
```

```
            buff_RxDat[0]=c;
            uIndex=0;
        }
        else if(buff_RxDat[0]=='#')
        {
            uIndex++;
            buff_RxDat[uIndex]=c;
        }
        if(uIndex>=2)
        {
            onoff=buff_RxDat[2]-0x30;
            switch(buff_RxDat[1])
            {
                case'1':
                LED1=onoff;
                break;
                case'2':
                LED2=onoff;
                break;
            }
            for(int i=0;i<=DATABUFF_SIZE;i++)    //清空接收到的字符串
            buff_RxDat[i]=0;
            uIndex=0;
        }
}
/* * * * * * * * * * * * * * * 主函数* * * * * * * * * * * * * * * */
void main(void)
{
    P1SEL &=~0x03;                          // 设置LED为普通I/O端口
    P1DIR |=0x03;                           // 设置LED为输出
    LED1=0;                                 //LED灭
    LED2=0;
    LED4=0;
    CLKCONCMD &=0x80;                       //将时钟频率设置为32 MHz
    initUART0();                            // 调用UART0初始化函数
    while(1)
    {
        if(URX0IF)                          //URX0IF=1表示串口0接收到数据
```

```
            {
                URX0IF=0;              //串口 0 中断标志位清零
                receive_handler();     //调用接收数据处理函数
            }
    }
}
////////////////////////////////////////////////////////////////////
```

步骤 3：下载并调试程序，请自行完成。

拓展任务

采用串口中断服务函数完成上述任务，完成表 7-14。

表 7-14　采用串口中断服务函数完成任务二的程序

程序流程图	C 语言源程序	程序注释

 上位机与串口双向通信

任务描述

CC2530 单片机开发板通过串口向上位机发送"What is your name?"，上位机收到后，利用串口助手软件 SSCOM32 发送"姓名#"，CC2530 单片机开发板接收并解析该数据包，若完整收到该数据包，则将该姓名字符串发回给上位机，串口助手软件接收并显示姓名。

任务分析

CC2530 单片机开发板使用 USART0 中断服务函数接收数据，串口波特率设置为 19 200 bit/s。

任务实施

步骤 1：绘制主函数流程图。

主函数流程图如图 7-11 所示。

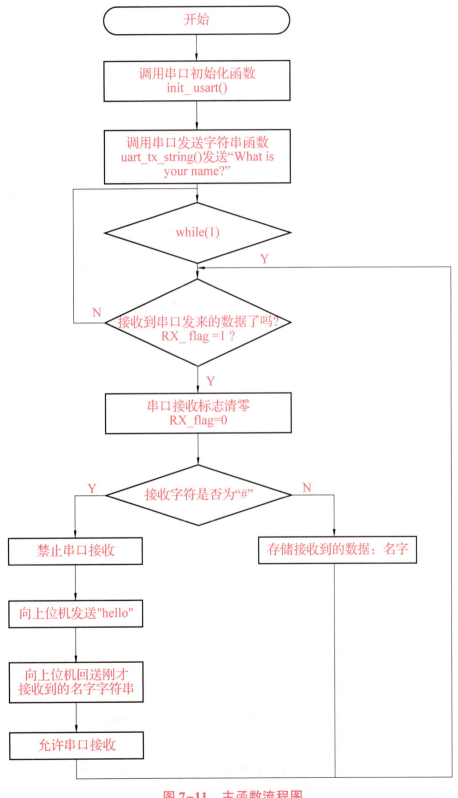

图 7-11 主函数流程图

步骤2：编写代码。

1) 编写串口初始化函数。
2) 编写串口发送字符串函数。
3) 编写串口接收中断服务函数。
4) 编写主函数。

参考代码如下：

```c
///////////////////////////////////////////////////////////////////
#include "ioCC2530.h"
char data[]="What is your name? \n";
char name_string[20];
unsigned char temp,RX_flag,counter=0;
/************** 延时函数 ***************/
void delay(unsigned int i)
{
    unsigned int j,k;
    for(k=0;k<i;k++)
    {
        for(j=0;j<500;j++);
    }
}
/************** 串口初始化函数 ***************/
void init_usart()
{
    CLKCONCMD &=0x80;               //设置晶振时钟频率为32 MHz
    while(CLKCONSTA & 0x40);        //等待晶振稳定

    PERCFG=0x00;                    //usart0 使用备用位置1 TX-P0.3、RX-P0.2
    P0SEL |=0x3C;                   //P0.2、P0.3、P0.4、P0.5用于外设功能
    P2DIR &=~0xC0;                  //P0 优先作为 UART 方式
    U0CSR |=0xC0;                   //uart 模式,允许接收
    U0GCR=9;
    U0BAUD=59;                      //波特率设为19 200 bit/s
    URX0IF=0;                       //uart0 tx 中断标志位清零
    IEN0=0x84;                      /接收中断使能,总中断使能
}
/************* 串口发送字符串函数 *************/
void uart_tx_string(char * data_tx,int len)
```

```c
{
    unsigned int j;
    for(j=0;j<len;j++)
    {
        U0DBUF=* data_tx++;
        while(UTX0IF==0);
        UTX0IF=0;
    }
}
/* * * * * * * * * * * * * * 串口接收中断服务函数* * * * * * * * * * * * * */
#pragma vector=URX0_VECTOR
__interrupt void UART0_RX_ISR(void)
{
    URX0IF=0;
    temp=U0DBUF;
    RX_flag=1;
}
/* * * * * * * * * * * * * * 主函数* * * * * * * * * * * * * */
void main(void)
{
    init_usart();                              //调用 UART 初始化函数
    uart_tx_string(data,sizeof(data));         //发送 What is your name?
    while(1)
    {
        if(RX_flag==1)                         //接收到上位机发来的数据了吗?
        {
            RX_flag=0;
            if(temp ! ='#')
            {
                name_string[counter++]=temp;   //存储接收数据:名字+#
            }
            else
            {
                U0CSR &=~0x40;                 //禁止串口接收
//名字接收结束,发送 hello 字符串+空格
                uart_tx_string("hello ",sizeof("hello "));
                delay(1000);
                uart_tx_string(name_string,sizeof(name_string));
                                               //发送名字字符串
```

```
                counter=0;
                U0CSR |=0x40;                    //允许串口接收
            }
        }
    }
}
///////////////////////////////////////////////////////////////////////
```

步骤 3： 下载并调试程序，请自行完成。

拓展任务

上位机通过串口向 CC2530 单片机开发板发送 "1#" 或 "2#"，CC2530 单片机开发板接收并解析该数据包，若完整收到该数据包，则点亮对应的 LED 灯。接收到 "1#" 时，LED1 亮；接收到 "2#" 时，LED2 亮。若发送 "0#" 则 LED 灯全灭（初始状态 LED 灯全灭）。完成表 7-15。

表 7-15 通过串口控制 LED 灯的程序

程序流程图	C 语言源程序	程序注释

项目小结

本项目重点介绍了 CC2530 单片机的串口的配置步骤和使用方法，主要包括以下知识点。

1）串口初始化：包括时钟源选择、时钟频率配置、外设 I/O 端口配置、串口波特率设置、串口中断标志位清零等操作。涉及到的寄存器有时钟控制命令寄存器（CLKCONCMD）、外设 I/O 控制寄存器（PERCFG）。

2）串口数据的收发：包括串口数据发送和串口数据接收，可以接收或发送 16 进制数或 ASCII 码。涉及到的寄存器有串口 USARTx 的控制和状态寄存器（UxCSR）、串口 USARTx 的控制寄存器（UxUCR）、串口 USARTx 的通用控制寄存器（UxGCR）、串口 USARTx 的接收/发送数据缓冲寄存器（UxBUF）和串口 USARTx 的波特率控制寄存器（UxBAUD）。

项目评价

对本项目学习效果进行评价，完成表7-16。

表7-16　项目评价反馈表

评价内容	分值	自我评价	小组评价	教师评价	综合	备注
任务一	20					
任务二	20					
任务三	20					
拓展任务	20					
职业素养	20					
合计	100					
取得成功之处						
有待改进之处						
经验教训						

习　题

一、单选题

1. 用于设置串口USART0的工作模式的寄存器是（　　）。

A. U0CSR　　　　　B. U0BUF　　　　　C. U0UCR　　　　　D. U0BAUD

2. 串口USART0的数据收发缓冲寄存器是（　　）。

A. U0CSR　　　　　B. U0BUF　　　　　C. U0UCR　　　　　D. U0DBUF

3. 当CC2530单片机串口0接收到数据时，可用以下代码（　　）将接收到的数据存储到变量temp中。

A. temp=U0DBUF；　　B. temp=U1DBUF；　　C. temp=SBUF0；　　D. temp=SBUF1；

4. CC2530单片机串口引脚输出信号为（　　）电平。

A. CMOS　　　　　B. RS232　　　　　C. TTL　　　　　D. USB

5. 关于RS232接口，说法正确的是（　　）。

A. 传输速率可高达1 Mbit/s　　　　　B. 单端通信

C. 并行数据接口　　　　　　　　　　D. 比RS485通信更远

6. 在IAR编程中，用C语言编程时，下列说法中，正确的是（　　）。

A. "unsigned char p；"中变量p占2个字节内存

B. "unsigned int pdata;" 表示定义了一字符变量

C. "unsigned char BufRx [128];" 中 BufRx 就是首地址

D. 以上没有正确说法

7. 在 CC2530 单片机串口通信中,用于选择串口位置的寄存器是( )。

A. APCFG B. PERCFG C. UxCSR D. UxUCR

8. 在 CC2530 单片机中,使用串口时对应的寄存器设置有( )。

A. 通过 APCFG 选择串口外设

B. 使用 PxSEL 配置外设的引脚为通用 I/O 端口

C. 使用 UxCSR 配置串口通信模式

D. 以上都对

二、多选题

1. 下面关于 CC2530 单片机串行通信 UART 模式的说法中,正确的是( )。

A. 在 UART 模式中,提供全双工传送

B. 通过 UxUCR 寄存器设置 UART 模式中的控制参数

C. 在 UART 模式中,数据发送和数据接收共用一个中断向量

D. 在 UART 模式中,数据发送和数据接收分别有独立的中断向量

2. CC2530 单片机 UART0 的缓存寄存器 U0DBUF,关于 U0DBUF 下列说法正确的是( )。

A. 发送与接收使用同一个寄存器

B. 发送时,当 U0DBUF 有值时,硬件自动发送数据

C. U0DBUF 可以存放多个字节

D. 当 URX0IF=0 时,U0DBUF 自动清空

3. 用于设置串口 USART0 的波特率的寄存器是( )。

A. U0CSR B. U0BUF C. U0UCR D. U0BAUD

4. PERCFG &= ~0x01;的功能是将 USART0 的外设 I/O 映射到( )。

A. P0_2 和 P0_3 B. P1_2 和 P1_3
C. P0_4 和 P0_5 D. P1_4 和 P1_5

三、简答题

1. 简述串行异步通信的数据帧格式。

2. 简述串口初始化过程中波特率的计算方法。

项目八

智能光控系统——CC2530 单片机 A/D 转换应用

 项目描述

　　某智慧小区，需要设计一个智能光控系统，要求能实时获取环境光照传感器数据，能根据光照的强弱，自动控制室内照明灯的亮/灭，如图 8-1 所示。本项目的主要任务是使用光照传感器模块和 CC2530 单片机的 A/D 转换功能，完成光照传感器的数据采集，并使用继电器模块控制室内照明灯的亮/灭。

图 8-1　智能光控系统

学习目标

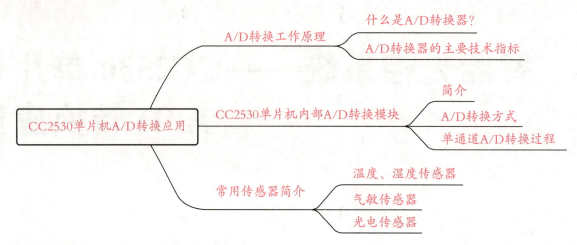

【知识目标】

1) 了解 A/D 转换工作原理。
2) 理解 A/D 转换器的配置和应用方法。
3) 掌握 CC2530 单片机 A/D 转换的编程方法。

【技能目标】

能熟练编写 A/D 转换程序，采集模拟量传感器数据。

【素养目标】

1) 培养沟通交流及团队合作意识。
2) 养成规范操作的职业习惯。
3) 培养精益求精的工匠精神。

设备及材料准备

CC2530 单片机开发板 1 套，CC Debugger 仿真器 1 套，计算机 1 台。

相关知识

一、A/D 转换工作原理

1. 什么是 A/D 转换器？

A/D 转换器又称为 ADC（Analog Digital Converter），即模拟数字转换器。其作用是将模拟信号转换成数字信号，便于计算机进行处理。A/D 转换器种类很多，按转换原理形式可分为逐次逼近式 A/D 转换器、双积分式 A/D 转换器和 V/F 变换式 A/D 转换器；按信号传输形式可分为并行A/D转换器和串行A/D转换器。并行A/D转换器转换速度快，编程简单，但硬件较为复杂，价格较高，主要应用于视频和音频采集等场合；串行A/D转换器硬件电路简单、成本低，但转换速度稍慢，编程稍微复杂一些，主要应用在速度要求不高的仪器仪表中。

A/D转换过程示意图如图8-2所示，模拟信号经过采样、保持、量化和编码后可转换为数字信号，该转换过程由集成芯片完成，使用比较方便。

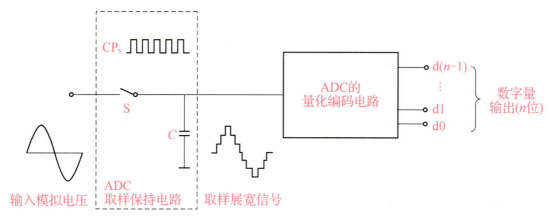

图8-2　A/D转换过程示意图

2. A/D转换器的主要技术指标

（1）转换时间和转换速率

A/D转换器完成一次转换所需要的时间称为转换时间。转换时间越短，其转换速率就越快。

（2）分辨率

A/D转换器的分辨率表示转换器对微小输入量变化的敏感程度，通常用输出的二进制位数表示。例如，AD574转换器，可输出12位二进制数，即用2^{12}个数进行量化，其分辨率为1 LSB（Least Significant Bit，最低有效位），用百分数表示为$1/2^{12} \times 100\% = 0.0244\%$。

量化过程引起的误差为量化误差。量化误差是由于有限位数字量对模拟量进行量化而引起的误差。量化误差理论上规定为一个单位分辨率的±1/2 LSB，提高分辨率可减少量化误差。目前，常用的A/D转换器的转换位数有8、10、12和14位等。

（3）转换精度

A/D转换器的转换精度定义为一个实际A/D转换器与一个理想A/D转换器在量化值上的差值。

二、CC2530单片机内部A/D转换模块

1. 简介

CC2530单片机的A/D转换模块支持最高14位二进制的模拟数字转换，具有12位有效数据位。它包括一个输入多路切换器，具有8个各自可配置的通道，以及1个参考电压发生器。转换结果可以通过DMA（直接存储器存取）写入存储器，同时还具有多种运行模式。其方框

图如图 8-3 所示。

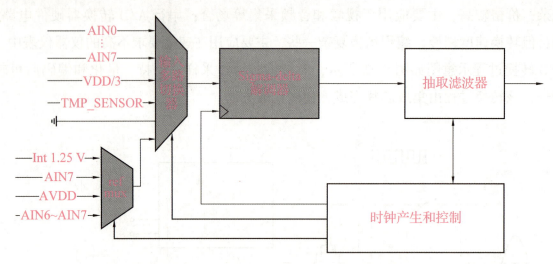

图 8-3　CC2530 单片机内部 A/D 模块方框图

CC2530 单片机内部 A/D 转换模块的主要特性如下。

1）可选取抽取率，设置 A/D 转换的分辨率（7~12 位）。

2）具有 8 个独立的 A/D 转换输入通道，可接受单端或差分信号。

3）参考电压可选为内部单端、外部单端、外部差分或 AVDD5。

4）转换结束后可产生中断请求信号。

5）转换结束时可产生 DMA 触发。

6）可测量片内温度传感器数据。

7）具有电池电压测量功能。

P0 端口的 8 个引脚可以编程配置为 A/D 转换器的输入端，依次为 AIN0~AIN7。

1）可以将输入端配置为单端输入或差分输入。

2）差分输入对：AIN0~AIN1、AIN2~AIN3、AIN4~AIN5、AIN6~AIN7。

3）片上温度传感器的输出也可以作为 ADC 的输入用于测量芯片的温度。

4）可以将一个对应 AVDD5/3 的电压作为 ADC 输入，实现电池电压监测。

5）单端电压输入 AIN0~AIN7，以通道号码 0~7 表示；4 个差分输入对以通道号码 8~11 表示；温度传感器的通道号码为 14；AVDD5/3 电压输入的通道号码为 15。

注意：负电压和大于 VDD 的电压都不能用于这些引脚。

2. A/D 转换方式

（1）多通道 A/D 转换

A/D 转换器可以按序列进行多通道 A/D 转换，并把结果通过 DMA 传送到存储器，而不需要 CPU 的任何参与。每完成一个序列转换，A/D 转换器将产生一个 DMA 触发。

（2）单通道 A/D 转换

在程序设计中，通过写 ADCCON3 寄存器触发单通道 A/D 转换，一旦寄存器被写入，转换立即开始。

3. 单通道 A/D 转换过程

（1）配置 ADCCON3，选择参考电压、抽取率和通道号，启动 A/D 转换

CC2530 单片机的 A/D 转换模块中有 3 个 ADC 控制寄存器：ADCCON1，ADCCON2 和 ADC-CON3，这 3 个寄存器用于配置 ADC。ADC 控制寄存器 3（ADCCON3）的各位功能如表 8-1 所示，其中 D7 和 D6 位用于选择 A/D 转换的参考电压，D5 和 D4 位用于设置 A/D 转换的抽取率，抽取率决定了 A/D 转换器转换的速度和分辨率，D3 位~D0 位用于选择需要转换的 ADC 通道。

例如，将参考电压设置为 AVDD5，抽取率设置为 512（12 位有效数字），通道号选择通道 0（AIN0），对应的代码如下：

```
ADDCON3＝(0x8010x3010x00);
```

表 8-1　ADC 控制寄存器 3（ADCCON3）的各位功能

位	名称	复位	描述
7：6	EREF[1：0]	00	选择用于 A/D 转换的参考电压 00：内部参考电压 01：AIN7 引脚上的外部参考电压 10：AVDD5 引脚上的外部参考电压 11：在 AIN6~AIN7 差分输入的外部参考电压
5：4	EDIV[1：0]	00	设置用于 A/D 转换的抽取率。抽取率决定了完成转换需要的时间和分辨率 00：64 抽取率（7 位 ENOB） 01：128 抽取率（9 位 ENOB） 10：256 抽取率（10 位 ENOB） 11：512 抽取率（12 位 ENOB）
3：0	ECH[3：0]	0000	单个通道选择。选择写 ADCCON3 触发的单个转换所在的通道号码。当单个转换完成，该位自动清除 0000：AIN0　0001：AIN1 0010：AIN2　0011：AIN3 0100：AIN4　0101：AIN5 0110：AIN6　0111：AIN7 1000：AIN0~AIN1　1001：AIN2~AIN3 1010：AIN4~AIN5　1011：AIN6~AIN7 1100：GND　1101：正电压参考 1110：温度传感器　1111：VDD/3

（2）读 ADC 控制寄存器 1（ADCCON1）的 ADC 状态位

ADC 控制寄存器 1（ADCCON1）的各位功能如表 8-2 所示，ADCCON1.EOC 位是 ADC 状态位，当一个通道的 ADC 转换结束时，该位将被置 1；当读取 ADCH 时，该位就被自动清除。

表 8-2 ADC 控制寄存器 1（ADCCON1）的各位功能

位	名称	复位	描述
7	EOC	0	转换结束。当 ADCH 被读取的时候清除。如果已读取前一数据之前，完成一个新的转换，EOC 位仍然为高 0：转换没有完成 1：转换完成
6	……	……	……
5：4	……	……	……
3：2	……	……	……
1：0	……	……	……

（3）等待 A/D 转换完成

若 ADCCON1 的最高位为 1，则表示 A/D 转换完成。

（4）读取 A/D 转换结果

表 8-3 和表 8-4 所示分别为 ADCL-ADC 数据低位的各位功能和 ADCH-ADC 数据高位的各位功能表。A/D 转换结果存放在 ADCH 和 ADCL 这 2 个 8 位数据寄存器中，注意其中 ADCL 的低 2 位是无效的。

表 8-3 ADCL-ADC 数据低位的各位功能

位	名称	复位	描述
7：2	ADC[5：0]	000000	A/D 转换结果的低位部分
1：0	—	00	没有使用。读出来一直是 0

表 8-4 ADCH-ADC 数据高位的各位功能

位	名称	复位	描述
7：0	ADC[13：6]	0x00	A/D 转换结果的高位部分。

注意：

1）参考电压。参考电压包括内部生成的电压、AVDD5 引脚电压、适用于 AIN7 输入引脚的外部电压、适用于 AIN6~AIN7 输入引脚的差分电压。

2）转换结果。数字转换结果以 2 的补码形式表示。对于单端，结果总是正的。对于差分配置，两个引脚之间的差分被转换，可以是负数。当 ADCCON1.EOC 设置为 1 时，数字转换结果可以获得，且结果总是驻留在 ADCH 和 ADCL 寄存器组合的 MSB 段中。

3）中断请求。当通过写 ADCCON3 触发一个单通道转换完成时，将产生一个中断；而当完成一个序列转换时，是不产生中断的。当每完成一个序列转换，A/D 转换器将产生一个 DMA 触发。

三、常用传感器简介

传感器是一种能够探测、感知外界的信号，物理条件（如光、热、湿度）或化学组成（如烟雾）的装置，它能将探测的信息传递给其他装置，并能将被测非电量信号转换为与之有确定对应关系的电量信号。

1. 温度、湿度传感器

（1）温度传感器

1）热敏电阻。

热敏电阻如图 8-4 所示，是利用半导体材料的阻值随温度变化的特性来测量温度的。热敏电阻既有电阻率大、温度系数大的优点，又有非线性大、稳定性差的缺点，通常只适用于要求不高的温度测量场合。热敏电阻按温度特性可分为两大类，一类是正温度系数热敏电阻（PTC），它的电阻值随温度上升而增大；另一类是负温度系数热敏电阻（NTC），它的电阻值随温度上升而减小。

图 8-5 为热敏电阻的图形符号。热敏电阻的主要参数有电阻温度系数、标称电阻值和额定功率。

图 8-4 热敏电阻

图 8-5 热敏电阻的图形符号

2）集成温度传感器。

集成温度传感器是将温敏器件及其电路集成在同一芯片中的集成化传感器，这种传感器的优点是能直接给出正比于绝对温度的理想的线性输出，且体积小、响应快、测量精度高、稳定性好、校准方便、成本低廉。集成温度传感器分为模拟式集成温度传感器和数字式集成温度传感器两大类，模拟式集成温度传感器又分为电压输出型（电压型）模拟式集成温度传感器和电流输出型（电流型）模拟式集成温度传感器。常见的模拟式集成温度传感器有 LM35、LM3911、LM335、LM45、AD22103（电压型）、AD590（电流型），DS18B20 是常用的数字式集成温度传感器。下面主要介绍 LM35、AD590 和 DS18B20 这 3 种模拟式集成温度传感器。

①LM35。

LM35 为电压型模拟式集成温度传感器，其输出电压与摄氏温度呈线性关系，其精确度一般为±0.5 ℃，转换公式如下：

$$U_{out} = 10\, t'$$

式中，U_{out} 为输出电压，单位为 mV；t' 为测量温度，单位为 ℃。

0 ℃时输出电压为 0 V，每升高 1 ℃，输出电压升高 10 mV，在常温下不需要校准处理，其封装形式与引脚如图 8-6 所示，其中 V_{OUT} 为输出端，V_S 为电源端，GND 为接地端。

②AD590。

AD590 为电流型模拟式集成温度传感器，其工作电压范围宽为 5~30 V，输出电流大小与温度成正比，线性度好，适用温度范围为-55~150 ℃，灵敏度为 1 μA/K。它是一个两端器件，使用非常方便，且具有较强的抗干扰能力，广泛应用于高精度的温度计量，其引脚如图 8-7 所示。

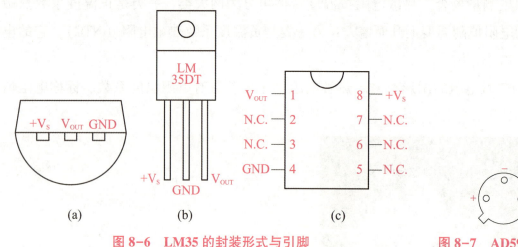

图 8-6 LM35 的封装形式与引脚　　　　图 8-7 AD590 引脚

（a）TO-92 封装；（b）TO-220 封装；（c）DIP 封装

注意：由于 AD590 以热力学温度（单位为 K）定标，如果需要显示摄氏温度（单位为 ℃），则需要进行温标转换，其关系式为 $t = T + 273.15$（t 为摄氏温度，T 为热力学温度）。AD590 的输出电流是以绝对温度零度（-273 ℃）为基准，每增加 1 ℃，就会增加 1 μA 输出电流。例如，在室温 25 ℃时，其输出电流为 298.15 μA。

③DS18B20。

DS18B20 是新型的数字式集成温度传感器，可以直接输出温度数值，是一种单总线器件，具有线路简单、体积小的特点，适用温度范围为-55~125 ℃。使用该传感器组成的测温系统，可以在一根通信线上装接多个传感点，十分方便。图 8-8 为 DS18B20 封装和引脚排列，其中 1 脚是接地端，2 脚是温度数据输出端，3 脚是电源端。

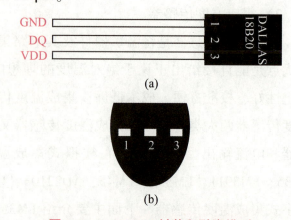

图 8-8 DS18B20 封装和引脚排列

（a）TO-92 封装正视图；（b）TO-92 封装底视图

(2) 湿度传感器

湿度传感器是指对环境湿度具有响应或将其转换成相应可测性信号的元件，通常由湿敏元件及转换电路组成。湿敏元件用多孔陶瓷、三氧化二铝等吸湿材料制成。

陶瓷型湿度传感器测湿范围宽，可实现全湿范围内的湿度测量，其响应时间短、精度高、抗污染能力强，工艺简单，成本低，如图8-9所示。

(3) 集成温湿度传感器（SHT1x系列）

SHT1x（包括SHT10、SHT11和SHT15）系列温湿度传感器采用贴片封装，如图8-10所示。该传感器将传感元件和信号处理电路集成在一块微型电路板上，从而输出完全标定的数字信号，具有很高的可靠性和稳定性。其内部包括1个电容性聚合体测湿元件、1个用能隙材料制成的测温元件，并在同一芯片上与14位A/D转换器、串行接口电路实现无缝连接。因此，该产品具有响应速度快、抗干扰能力强和性价比高等优点。

目前，常用的数字温湿度传感器为SHT11，该传感器采用I2C总线接口，与单片机连接十分方便，可直接获取已经标定好的温度值和湿度值，SHT11的引脚说明如表8-5所示，SHT11的引脚示意如图8-11所示。

图8-9　陶瓷型湿度传感器

图8-10　SHT1x系列温湿度传感器

图8-11　SHT11的引脚示意

表8-5　SHT11的引脚说明表

引脚	名称	说明
1	GND	地
2	DATA	串行数据输入和输出
3	SCK	串行时钟输入
4	VDD	电源
NC	NC	空引脚

SHT11模块接口电路原理图如图8-12所示，其中J10和J11为与CC2530单片机接口的插针，VD5为LED电源指示灯，$R18$和$R19$为I2C总线接口的上拉电阻，当保证空闲时2脚和3脚输出高电平。

图8-13为采用SHT11的温湿度传感器模块实物图。

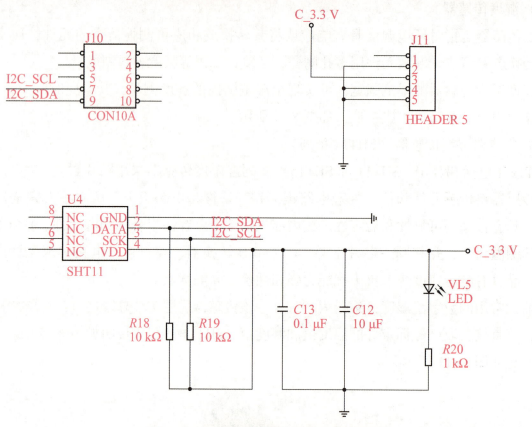

图 8-12 SHT11 模块接口电路原理图

图 8-13 采用 SHT11 的温湿度传感器模块实物图

2. 气敏传感器

(1) 气敏传感器的分类

现代生活中排放的气体越来越多,有些是易燃易爆的气体(如 H_2、天然气等),有些是对人体有害的气体(如 CO 等)。为保护大气环境,防止事故发生,需要对各种有害气体、可燃性气体进行有效监控。物联网系统中常用气敏传感器来检测大气环境,它是一种能检测气体浓度、成分,并将其参数转换成电信号的器件。

气敏传感器分为半导体式气敏传感器、固体电解质式气敏传感器、电化学式气敏传感器和接触燃烧式气敏传感器 4 类,其中半导体式气敏传感器应用最为广泛,分为电阻型半导体气敏传感器和非电阻型半导体气敏传感器。图8-14为气敏电阻实物图。

图8-14 气敏传感器实物图

（2）气敏传感器的工作原理

气敏传感器可以将某种气体的成分、浓度等参数转换成某金属氧化物或某金属的电阻变化量，再将该电阻变化量转换为对应的电压或电流信号。

气敏传感器在工作时必须加热，加热的目的是加速被检测气体的吸附和脱出过程，从而除掉气敏元件的油垢和污物，起到清洗作用。同时，可以通过温度的控制来对检测气体进行选择，加热温度一般为200~400℃。

（3）气敏传感器的主要参数及特性

1）灵敏度：指对气体的敏感程度。

2）响应时间：指对被测气体浓度的响应速度。

3）选择性：指在多种气体共存的条件下，气敏元件区分气体种类的能力。

4）稳定性：指当被测气体浓度不变时，若其他条件发生改变，在规定的时间内气敏元件输出特性保持不变的能力。

5）温度特性：指气敏元件灵敏度随温度的变化而变化的特性。

6）湿度特性：指气敏元件灵敏度随环境湿度的变化而变化的特性。

7）电源电压特性：指气敏元件灵敏度随电源电压的变化而变化的特性。

8）时效性与互换性：反映元件气敏特性稳定程度的时间，就是时效性；同一型号元件之间气敏特性的一致性，反映了其互换性。

实际应用中对气敏传感器的要求有：良好的选择性，较高的灵敏度和宽响应动态范围，性能稳定，响应速度快，重复性好，保养简单，价格便宜。

（4）常用气敏传感器简介

1）可燃气敏传感器TGS813。

可燃气敏传感器（TGS813）的实物图和图形符号如图8-15所示，该传感器共有6个引脚，其中1脚、3脚和4脚、6脚为测量电极，2脚和5脚为加热电极。其内部结构如图8-16所示，由传感元件、加热线圈、贵金属导线、不锈钢双层网罩、聚酰胺树脂基座和引脚组成。

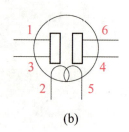

(a)　　　　　　　　　　　　　　　(b)

图 8-15　TGS813 实物图和图形符号

(a) 实物图；(b) 图形符号

图 8-17 为气敏传感器的典型工作电路，包括加热回路和测量回路。其中，U_H 为加热电源（直流或交流 5 V），直流稳压电源 U_C（最大值+24 V，气敏元件功耗 P_S 不超过 15 mW）与气敏元件及负载电阻组成测量回路。当测量回路中的气敏元件遇到某敏感气体时，1 脚、3 脚和 4 脚、6 脚之间的电阻值会发生明显的变化，此时测量回路的电流就会发生变化。R_L 为取样电阻，用于将测量回路的电流值转换为电压值 U_{RL}，由此测量负载 R_L 的电压，即可测得气敏元件的电阻值 R_S。R_S、P_S 的计算公式如下：

$$R_S = (U_C/U_{RL} - 1) \times R_L$$

$$P_S = (U_C - U_{RL})^2 / R_S$$

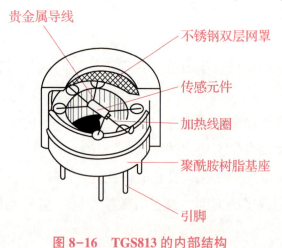
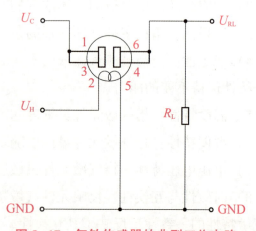

图 8-16　TGS813 的内部结构　　　　　图 8-17　气敏传感器的典型工作电路

图 8-18 为酒精和可燃气体传感器（酒精感应器采用 TGS822，可燃气体传感器采用 TGS813）模块接口电路原理图，其中加热回路和测试回路的电源电压均为直流+5 V，ADC0 为 CC2530 单片机模拟电压输入端，经单片机内部 A/D 转换器转换后，即可得到其对应的数字量。

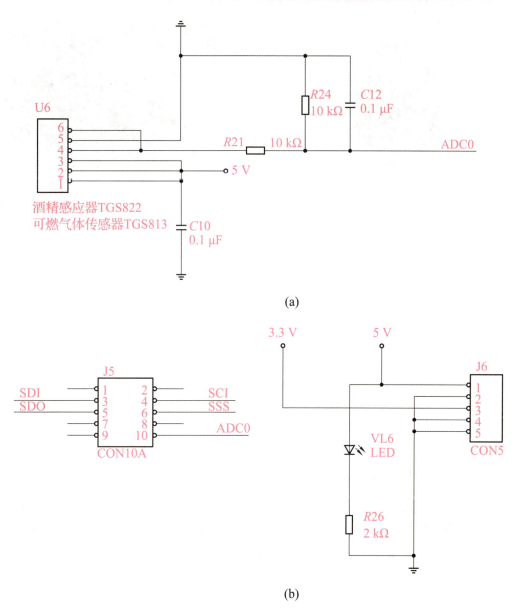

图8-18 酒精和可燃气体传感器（酒精感应器采用TGS822，可燃气体传感器采用TGS813）模块接口电路原理图

(a) 传感部分；(b) 接口部分

2) 空气质量传感器TGS2600

TGS2600是一种新型半导体气体传感器，能够灵敏感知空气中的低浓度污染物，且对H_2、CO等有较高的敏感度。TGS2600具有成本低、体积小、使用寿命长、选择性和稳定性好等特性，可广泛用于空气质量监测装置、自动通风换气系统、空气清新机和气流控制设备中，比较适合在室温下长时间通电连续工作。由于采用小型化芯片，因此TGS2600的加热器所需电流仅为42 mA，通常采用标准TO-5封装。TO-5封装的空气质量传感器TGS2600如图8-19所示，其实物图如图8-20所示。

图8-21为TO-5封装的TGS2600的引脚排列示意图，TGS2600共有4个引脚，其中1脚和4脚为加热极，2脚和3脚为测量极，内部连接着随气体污染程度变化而变化的气敏电阻。

图 8-19　TO-5 封装的空气质量传感器 TGS2600　　　图 8-20　TGS2600 模块实物图

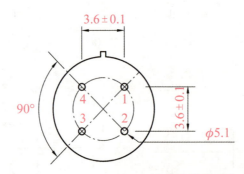

图 8-21　TO-5 封装的 TGS2600 的引脚排列示意图

图 8-22 为空气质量传感器 TGS2600 典型测量电路，该传感器要求有两路电压输入：加热电压 U_H 和测量回路电压 U_C。加热电压 U_H 加于加热线圈上以保持空气质量传感器在一个特定的最佳感应温度。测量回路电压 U_C 被加载以便于测量与气敏元件串联的负载电阻的输出电压 U_{RL}。可以用一个公共的电源来同时供给 U_H 和 U_C。要正确选取负载电阻 R_L，使气敏元件的功耗小于 15 mW。

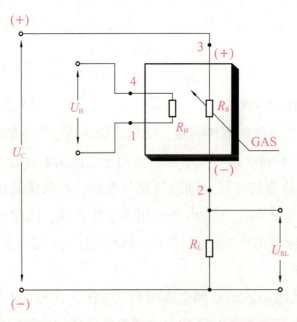

图 8-22　空气质量传感器 TGS2600 典型测量电路

3. 光电传感器

光电传感器是将光信号转化为电信号的一种装置，它在物联网中应用非常广泛。光电传感器利用半导体材料的光电效应进行工作，主要分类如下。

1）按照用途分类：可分为光电管、光电倍增管、光敏电阻、光导管、光电池、光电晶体。

2）按照传输方式分类：可分为直射式光电传感器和反射式光电传感器。

本书主要介绍光敏电阻、光电二极管、红外接收和发射二极管。

（1）光敏电阻

图 8-23 为光敏电阻实物图，图 8-24 为光敏电阻图形符号。光敏电阻在电路中通常用字母 R_L 来表示。光敏电阻的顶部有一个受光面，可以感受外界光线的强弱。当光线较弱时，其阻值很大，当光线变强后，其阻值迅速减小，利用光敏电阻的这个特性可以制作各种光控电路。

图 8-23　光敏电阻实物图

图 8-24　光敏电阻图形符号

光敏电阻是利用半导体的光电效应制成的一种电阻值随入射光的强弱而改变的电阻器。入射光强，电阻减小，入射光弱，电阻增大。

光敏电阻由常用的光敏电阻器半导体材料制成，一般用于光的测量、光的控制和光电转换。当光照最弱时，其阻值可达 1～10 MΩ（暗电阻）；当光照最强时，其阻值仅有几百欧（亮电阻）。光敏电阻对光的敏感性与人眼对可见光的响应很接近，一般人眼可感受的光，都会引起它的阻值变化。

（2）光电二极管

光电二极管与发光二极管的封装类似，引脚为一长脚和一短脚，从外观上很难区分。如果是金属外壳的光电二极管（见图 8-25），则很容易辨别。其特点是在其顶部有一个透明的小凸透镜，用于会聚外界光线。图 8-26 为光电二极管的图形符号。

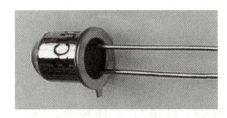

图 8-25　光电二极管（2CU2B）的实物图

图 8-26　光电二极管的图形符号

(3) 红外接收和发射二极管

1) 红外接收二极管。

常见的红外接收二极管的颜色通常呈黑色，如图 8-27 所示。当识别引脚时，面对受光视窗，从左至右，分别为正极和负极。另外，在红外接收二极管的管体顶端有一个小斜切平面，通常带有此斜切平面一端的引脚为负极，另一端为正极。红外接收二极管的图形符号与光电二极管相同。

2) 红外发射二极管。

红外发射二极管实物图如图 8-28 所示，其有两个引脚，通常长引脚为正极，短引脚为负极。因红外发射二极管呈透明状，所以其管壳内的电极清晰可见，内部电极较宽、较大的引脚为负极，而较窄、较小的引脚为正极。

用万用表测量红外发射二极管的正、反向电阻，通常其正向电阻应在 30 kΩ 左右，反向电阻应在 500 kΩ 以上，且要求其反向电阻越大越好。红外发射二极管的图形符号与发光二极管相同。

图 8-27 红外接收二极管的实物图

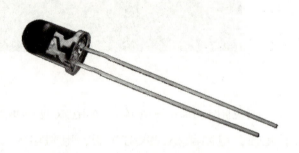

图 8-28 红外发射二极管实物图

项目任务

任务一 光照传感器数据采集

任务描述

采集插在 ZigBee 开发板上的光照传感器模块的数据，并进行 A/D 转换，将转换后的数据上传至上位机显示。

任务分析

光照传感器数据采集电路方框图如图 8-29 所示,将 P0.0 设置为 A/D 转换器外设输入端口,用于采集光照传感器模块数据;P1.0 设置为普通 I/O 输出端口,用于控制 LED 指示灯。

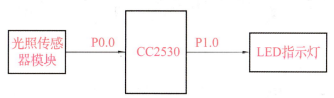

图 8-29 光照传感器数据采集电路方框图

任务实施

步骤 1:绘制程序流程图。

主函数流程图如图 8-30 所示。

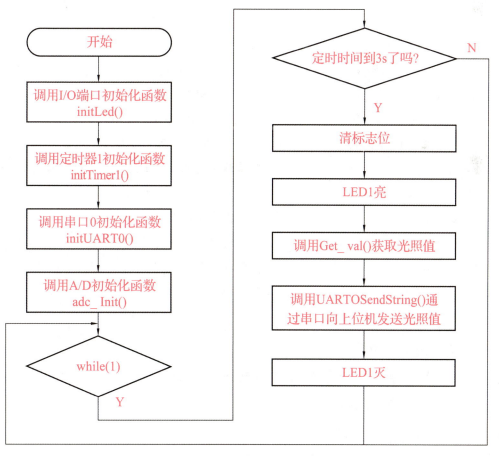

图 8-30 主函数流程图

步骤 2:编写程序

1)I/O 端口初始化函数。

将 P1.0 配置为普通 I/O 输出端口,代码如下:

```
void initLed(void)
{
    P1SEL &= ~0x01;              //P1_0 设置为普通的 I/O 输出端口
    P1DIR |= 0x01;               //配置 P1_0 的方向为输出
    LED1 = 0;                    //LED1 灭
}
```

2)定时器 1 初始化函数。

设置定时时间为 0.2 s,即每 0.2 s 执行一次定时器中断服务函数,采用通道 0 比较计数工作模式,将时钟频率设置为 32 MHz,时钟分频系数设置为 128。注意:这里采用通道 0 比较计数中断,而不是计数溢出中断。则其最大计数值计算如下:

最大计数值=0.2 s/[(1/32 MHz)×128]=50 000

定时器 1 初始化代码如下:

```
void initTimer1()
{
    CLKCONCMD &= 0x80;           //时钟频率设置为 32 MHz
    T1CTL = 0x0E;                // 配置 128 分频,模比较计数工作模式,并开始运行
    T1CCTL0 |= 0x04;             //设定定时器 1 通道 0 比较模式
    T1CC0L = 50000 & 0xFF;       // 把 50 000 的低 8 位写入 T1CC0L
    T1CC0H = ((50000 & 0xFF00) >> 8);  //把 50 000 的高 8 位写入 T1CC0H
    T1IF = 0;                    //清除定时器 1 中断标志(同 IRCON &= ~0x02)
    T1STAT &= ~0x01;             //清除通道 0 中断标志
    TIMIF &= ~0x40;              //不产生定时器 1 的溢出中断
                                 //定时器 1 通道 0 的中断使能 T1CCTL0.IM 默认使能
    IEN1 |= 0x02;                //使能定时器 1 中断
    EA = 1;                      //使能全局中断
}
```

3)A/D 转换器初始化函数。

要配置一个 P0 端口某一引脚为 A/D 转换器输入引脚,APCFG 寄存器中相应的位必须置 1。A/D 转换器初始化函数代码如下:

```
void adc_Init(void)
{
    APCFG |= 1;                  //将 P0.0 配置为模拟外设 I/O 使能(即 A/D 输入引脚)
    P0SEL |= 0x01;               //将 P0.0 配置为外设 I/O 引脚
    P0DIR &= ~0x01;              //将 P0.0 配置为输入引脚
}
```

4）串口 UART0 初始化函数。

将 P0.2~P0.5 配置为串口引脚，串口设置为 UART 模式，波特率为 57 600 bit/s，将 UART0 发送中断标志位清零，并启动全局中断。串口 UART0 初始化函数代码如下：

```c
void initUART0(void)
{
    PERCFG=0x00;           //USART0 的 I/O 位置选择备用位置 1
    P0SEL=0x3c;            //配置 P0.2~P0.5 为串口(P0.2-RX,P0.3-TX,P0.4-CT,P0.5-RT)
    U0CSR |=0x80;          //最高位置 1,配置为 UART 模式
    U0BAUD=216;
    U0GCR=10;              //波特率设置为 57 600 bit/s,参考表 7-7
    U0UCR |=0x80;          //最高位置 1,清除单元内容
    UTX0IF=0;              // 清零 UART0 TX 中断标志
    EA=1;                  //使能全局中断
}
```

5）读取 A/D 转换器通道 0 电压值函数。

①将 A/D 转换器中断标志位清零。

②设置 A/D 转换器参考电压为 AVDD5，引脚电压为 3.3 V，有效位数设置为 9 位，使用通道 0 读取光照电压值，然后启动 A/D 转换。

③等待 A/D 转换结束，即判断 ADCIF 是否等于 1。若 ADCIF 为 1，则表示 A/D 转换结束。

④从 ADCH 和 ADCL 两个 8 位数据寄存器中读取 A/D 转换结果。

⑤将 A/D 转换数据转换为对应的光照电压值，计算方法如下。

用二进制补码表示的 A/D 转换结果。

正值：0~0111 1111 1111 1111（0~32 767）

负值：1000 0000 0000 0000~1111 1111 1111 1111（-32 768~-1）

对应的光照电压值在-3.3~+3.3 V 之间，计算公式如下：

$$光照电压值 = (A/D 转换结果 \times 3.3) / 32 768 \text{ V}$$

读取 A/D 转换器通道 0 电压值的代码如下：

```c
uint16 get_adc(void)
{
    uint32 value;
    ADCIF=0;                              //清 A/D 转换器中断标志
    ADCCON3=(0x80|0x10|0x00);             //参考电压 AVDD5:3.3 V,通道 0,启动 A/D 转换器
    while(!ADCIF)
    {
        ;                                 //等待 A/D 转换结束
```

```
        }
        value=ADCH;
        value=value<< 8;
        value |=ADCL;
        value= (value* 330);              //电压值=(value×3.3)/32 768 V
        value=value >>15;                 // 除以 32 768
        return(uint16)value;              // 返回分辨率为0.01 V的电压值
}
```

6) A/D 转换器电压值处理函数。

将 A/D 转换器电压值拼接为一个字符串，添加电压单位和小数点。

7) 串口发送数据函数。

通过串口将该字符串定时发送给上位机。

参考代码如下：

```
//////////////////////////////////////////////////////////////////////
#include "ioCC2530.h"
#include <string.h>
#define LED1 P1_0                         // P1_0 口定义为 P1_0  LED灯端口
#define uint16 unsigned short
#define uint32 unsigned long
#define uint unsigned int
unsigned int flag,counter=0;              //统计溢出次数
unsigned char s[8];                       //定义一个数组大小为 8

void initLed(void)
{
    P1SEL&=~0x01;                         //P1_0 设置为普通的 I/O 输出端口 1111 1110
    P1DIR |=0x01;                         //配置 P1_0 的方向为输出
    LED1=0;
}
void adc_Init(void)
{
    APCFG   |=1;
    P0SEL   |=0x01;
    P0DIR   &=~0x01;
}
/****************************************************************
 *  名称       get_adc
```

```
*  功能        读取 ADC 通道 0 电压值
*  入口参数    无
*  出口参数    16 位电压值,分辨率为 10 mV
* * * * * * * * * * * * * * 获取 ADC 通道 0 电压值* * * * * * * * * * * * * * /
uint16 get_adc(void)
{
    uint32 value;
    ADCIF=0;                                    //清 ADC 中断标志
    //采用基准电压 AVDD5:3.3 V,通道 0,启动 A/D 转换
    ADCCON3=(0x80 |0x10 |0x00);
    while(! ADCIF)
    {
        ;                                       //等待 A/D 转换结束
    }
    value=ADCH;
    value=value<< 8;
    value |=ADCL;
                                                // A/D 值转化成电压值
                                                // 0 表示 0 V,32 768 表示 3.3 V
                                                // 电压值=(value×3.3)/32 768 V
    value=(value* 330);
    value=value >> 15;                          // 除以 32 768
    // 返回分辨率为 0.01 V 的电压值
    return(uint16)value;
}
/* * * * * * * * * * * * * * 串口通信初始化* * * * * * * * * * * * * * /
void initUART0(void)
{
    PERCFG=0x00;
    P0SEL=0x3c;
    U0CSR |=0x80;
    U0BAUD=216;
    U0GCR=10;
    U0UCR |=0x80;
    UTX0IF=0;                                   // 清零 UART0 TX 中断标志
    EA=1;                                       //使能全局中断
}
/* * * * * * * * * * * * * * * * * * * * * * * * * * * * * * * * * * *
```

```
*   函数名称:initTimer1
*   功    能:初始化定时器1
* * * * * * * * * * * * * * 定时器初始化 * * * * * * * * * * * * * * * /
void initTimer1()
{
    CLKCONCMD &=0x80;                    //时钟速度设置为32 MHz
    T1CTL=0x0E;                          // 配置128分频,模比较计数工作模式,并开始运行
    T1CCTL0 |=0x04;                      //设定定时器1通道0比较模式
    T1CC0L=50000 & 0xFF;                 // 把50 000的低8位写入T1CC0L
    T1CC0H=((50000 & 0xFF00)>>8);        //把50 000的高8位写入T1CC0H

    T1IF=0;                              //清除定时器1中断标志(同 IRCON &=~0x02)
    T1STAT &=~0x01;                      //清除通道0中断标志
    TIMIF &=~0x40;                       //不产生定时器1的溢出中断
                                         //定时器1通道0的中断使能 T1CCTL0.IM 默认使能
    IEN1 |=0x02;                         //使能定时器1中断
    EA=1;                                //使能全局中断
}
/* * * * * * * * * * * * * * * * * * * * * * * * * * * * * * * * * * *
*   函数名称:UART0SendByte
*   功    能:UART0发送一个字节
*   入口参数:c
*   出口参数:无
*   返回值:无
* * * * * * * * * * * * * * * * * * * * * * * * * * * * * * * * * * * /
void UART0SendByte(unsigned char c)
{
    U0DBUF=c;                            // 将要发送的1字节数据写入U0DBUF
    while(! UTX0IF);                     // 等待TX中断标志,即U0DBUF就绪
    UTX0IF=0;                            // 清零TX中断标志
}
/* * * * * * * * * * * * * * * * * * * * * * * * * * * * * * * * * * *
*   函数名称:UART0SendString
*   功    能:UART0发送一个字符串
*   入口参数:* str
*   出口参数:无
*   返回值:无
* * * * * * * * * * * * * * * * * * * * * * * * * * * * * * * * * * * /
```

```c
void UART0SendString(unsigned char * str)
{
    while(* str ! ='\0')
    {
        UART0SendByte(* str++);         //发送一字节
    }
}
/* * * * * * * * * * * * * * 采集光照电压值并处理数据* * * * * * * * * * * * * */
void Get_val()
{
    uint16 sensor_val;
    sensor_val=get_adc();
    s[0]=sensor_val/100+'0';
    s[1]='.';
    s[2]=sensor_val/10% 10+'0';
    s[3]=sensor_val% 10+'0';
    s[4]='V';
    s[5]='\n';
    s[6]='\0';
}
/* * * * * * * * * * * * * * * * * * * * * * * * * * * * * * * * * * * * * * *
 * 功    能:定时器T1中断服务子程序
 * * * * * * * * * * * * * * * * * * * * * * * * * * * * * * * * * * * * * * */
#pragma vector=T1_VECTOR
__interrupt void T1_ISR(void)
{
    EA=0;                               //禁止全局中断
    counter++;
    T1STAT &=~0x01;                     //通道0中断标志清零
    EA=1;                               //使能全局中断
}
/* * * * * * * * * * * * * * * * * * * * * * * * * * * * * * * * * * * * * * *
 * 函数名称:main
 * 功    能:main函数入口
 * 入口参数:无
 * 出口参数:无
 * 返 回 值:无
 * * * * * * * * * * * * * * * * * * * * * * * * * * * * * * * * * * * * * * */
```

```c
void main(void)
{
    initLed();
    initTimer1();                    //初始化定时器1
    initUART0();                     // UART0 初始化
      adc_Init();                    // ADC 初始化
    while(1)
    {
        if(counter>=15)              //定时器每0.2 s溢出中断1次,即每3 s采集一次光照值
        {
            counter=0;               //清标志位
            LED1=1;                  //指示灯被点亮
            Get_val();
            UART0SendString("光照传感器电压值   ");
            UART0SendString(s);
            LED1=0;                  //指示灯熄灭
        }
    }
}
////////////////////////////////////////////////////////////////////////////////
```

步骤3:下载并调试程序。

打开串口助手软件 SSCOM32,设置串口通信波特率为 57 600 bit/s,打开串口 COM3,此时可以接收到图 8-31 所示的光照传感器电压值,不遮挡时电压约为 3.13 V,遮挡时电压约为 0.26 V。

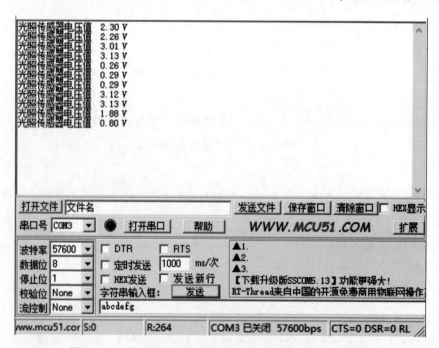

图 8-31 串口调试助手接收到的光照传感器电压值

任务二 测温并利用串口上传温度数据

任务描述

采集 CC2530 单片机开发板上的温度传感器数据,并进行 A/D 转换,将转换后的数据上传至上位机显示。

任务分析

首先初始化串口,将串口波特率设置为 115 200 bit/s,然后初始化 A/D 转换器,选择 1.25 V 为 A/D 转换器参考电压,A/D 转换器分辨率设置为 14 位。

在主循环中进行 A/D 转换,获取 CC2530 单片机片内温度电压值,然后使用片内温度标定公式将温度电压值转换切实际的温度值,在获取 64 次温度值后求温度的平均值,然后将温度平均值转换为字符串,通过串口每秒向上位机串口助手发送一次温度平均值。

温度标定公式如下:

$$温度值=(温度电压值-1367.5)/4.5-5$$

任务实施

步骤1:绘制主函数流程图

主函数流程图如图 8-32 所示。

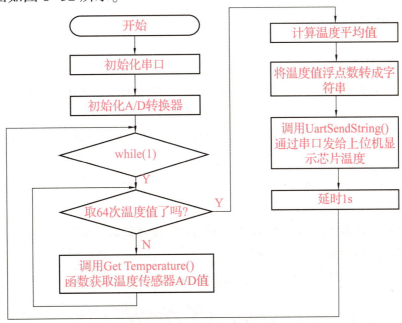

图 8-32 主函数流程图

步骤 2：编写代码。

参考代码如下：

```c
//////////////////////////////////主文件 main.c//////////////////////////////////
#include <stdio.h>
#include <string.h>
#include <UartTimer.h>
/* * * * * * * * * * * * * * * * * * * * * * * * * * * * * * * * * * * * * * *
 * 名    称:InitSensor()
 * 功    能:温度传感器初始化函数
 * 入口参数:无
 * 出口参数:无
 * * * * * * * * * * * * * * * * * * * * * * * * * * * * * * * * * * * * * * */
void InitSensor(void)
{
    DISABLE_ALL_INTERRUPTS();      //关闭所有中断
    InitClock();                   //设置系统主时钟为 32 MHz
    TR0=0x01;                      //设置为 1 来连接温度传感器到 SOC_ADC
    ATEST=0x01;                    //使能温度传感
}
/* * * * * * * * * * * * * * * * * * * * * * * * * * * * * * * * * * * * * * *
 * 名    称:GetTemperature()
 * 功    能:获取温度传感器 A/D 值
 * 入口参数:无
 * 出口参数:通过计算返回实际的温度值
 * * * * * * * * * * * * * * * * * * * * * * * * * * * * * * * * * * * * * * */
float GetTemperature(void)
{
    uint value;
    ADCCON3  = (0x3E);             //选择 1.25 V 为参考电压;14 位分辨率;对片内温度传
                                   //  感器采样
    ADCCON1 |=0x30;                //选择 A/D 转换器的启动模式为手动
    ADCCON1 |=0x40;                //启动 A/D 转换
    while(!(ADCCON1 & 0x80));      //等待 A/D 转换完成
    value=  ADCL >> 4;
//ADCL 寄存器低 2 位无效,由于只有 12 位有效,ADCL 寄存器低 4 位无效
    value |=(((uint)ADCH) << 4);
    return(value-1367.5)/4.5-5;    //温度校正
}
/* * * * * * * * * * * * * * * * * * 主函数 * * * * * * * * * * * * * * * * */
```

```c
void main(void)
{
    char i;
    float fSum,AvgTemp;
    char strTemp[6];
    InitUART();                              //初始化串口
    InitSensor();                            //初始化A/D转换器
    while(1)
    {
        fSum=0;
        for(i=0;i<64;i++)
        {
            fSum+=GetTemperature();          //取64次温度总和
        }
        AvgTemp=fSum/64;                     //取64次温度平均数
        memset(strTemp,0,6);
        sprintf(strTemp,"% .02f",AvgTemp);   //将浮点数转成字符串,保留2位小数位
        UartSendString(strTemp,5);           //通过串口发给上位机显示芯片温度
        UartSendString("℃",2);
        delayMS(1000);                       //延时
    }
}
/////////////////////////串口和定时器函数头文件UartTimer.h/////////////////////////
#include "ioCC2530.h"
typedef unsigned char uchar;
typedef unsigned int uint;
#define DISABLE_ALL_INTERRUPTS() (IEN0=IEN1=IEN2=0x00)
void InitClock(void)
{
    CLKCONCMD &=~0x40;                       //设置系统时钟源为32 MHz晶振
    while(CLKCONSTA & 0x40);                 //等待晶振稳定
    CLKCONCMD &=~0x47;                       //设置系统主时钟频率为32 MHz
}
/* * * * * * * * * * * * * * * * * * * * * * * * * * * * * * * * * * * * * *
 * 名    称:InitT3()
 * 功    能:定时器初始化
 * 入口参数:无
 * 出口参数:无
 * * * * * * * * * * * * * * * * * * * * * * * * * * * * * * * * * * * * * */
```

```
void InitT3(void)
{
    T3CCTL0=0x44;           //T3CCTL0(0xCC),CH0 中断使能,CH0 比较模式
    T3CC0=0xFA;             //T3CC0 设置为 250
    T3CTL |=0x9A;           //启动 T3 计数器,计数时钟为 16 分频。使用模模式
    IEN1 |=0x08;
    IEN0 |=0x80;            //开总中断,开 T3 中断
}
/* * * * * * * * * * * * * * * * * * * * * * * * * * * * * * * * * * * * *
*   名    称:InitUart()
*   功    能:串口初始化函数
*   入口参数:无
*   出口参数:无
* * * * * * * * * * * * * * * * * * * * * * * * * * * * * * * * * * * * * /
void InitUART(void)
{
    PERCFG=0x00;            //位置 1 P0 口
    P0SEL=0x3C;             //P0 用作串口

    P2DIR &=~0xC0;          //P0 优先作为 UART0
    U0CSR |=0x80;           //串口设置为 UART 方式
    U0GCR=11;
    U0BAUD=216;             //波特率设为 115 200

    UTX0IF=1;               //UART0 TX 中断标志初始置位 1
    U0CSR |=0x40;           //允许接收
    IEN0 |=0x84;            //开总中断,接收中断
}
/* * * * * * * * * * * * * * * * * * * * * * * * * * * * * * * * * * * *
*   名    称:UartSendString()
*   功    能:串口发送函数
*   入口参数:Data(发送缓冲区),len(发送长度)
*   出口参数:无
* * * * * * * * * * * * * * * * * * * * * * * * * * * * * * * * * * * * * /
void UartSendString(char * Data,int len)
{
    uint i;
    for(i=0;i<len;i++)
    {
```

```
            U0DBUF=*data++;
            while(UTX0IF==0);
            UTX0IF=0;
        }
        U0DBUF=0x0A;                        //输出换行
        while(UTX0IF==0);
        UTX0IF=0;
    }
    /************************************************
    *  名称:delayMS()
    *  功能:以 ms 为单位延时,16 MHz 时大约为 530,32 MHz 时需要调整,系统时钟不修改时默认为 16 MHz
    *  入口参数:msec 延时参数,值越大,延时越久
    *  出口参数:无
    ************************************************/
    void delayMS(uint msec)
    {
        uint i,j;
        for(i=0;i<msec;i++)
        for(j=0;j<1060;j++);
    }
    /////////////////////////////////////////////////////////////////////////
```

步骤 3：调试并下载程序。

打开串口助手软件 SSCOM32，设置串口通信波特率为 115 200 bit/s，打开串口 COM3，此时可以接收到图 8-33 所示的 CC2530 单片机内部温度传感器测得的温度值。

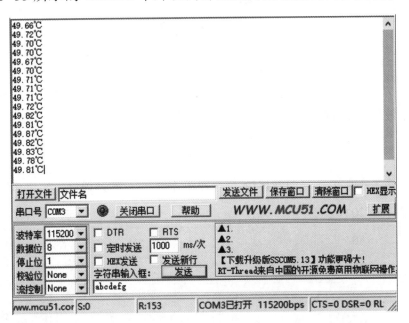

图 8-33　CC2530 单片机内部温度传感器测得的温度值

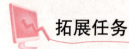

拓展任务

在单片机开发板上插接一个空气质量传感器模块，修改上述程序，获取空气质量传感器的电压值，通过串口发送到上位机显示。完成表 8-6。

表 8-6　获取空气质量传感器电压值的程序

程序流程图	C 语言源程序	程序注释

项目小结

本项目主要介绍了利用 CC2530 单片机内部的 A/D 转换器完成传感器数据采集任务，具体包括以下知识和技能：

1）A/D 转换工作原理；
2）常用传感器的分类、工作原理和应用；
3）CC2530 单片机内部与 A/D 转换有关的寄存器简介；
4）CC2530 单片机 A/D 转换编程方法。

项目评价

对本项目学习效果进行评价，完成表 8-7。

表 8-7　项目评价反馈表

评价内容	分值	自我评价	小组评价	教师评价	综合	备注
任务一	20					
任务二	30					
拓展任务	30					
职业素养	20					
合计	100					

续表

取得成功之处	
有待改进之处	
经验教训	

习 题

一、单选题

1. 已知一个 8 位 A/D 转换器的某次转换结果为 98，系统供电为 3.3 V，则此次系统检测到的电压值约为(　　)。

  A. 1 V   B. 1.26 V   C. 2.67 V   D. 3.3 V

2. CC2530 单片机的单个 A/D 转换中，通过写入(　　)寄存器可以触发一个转换。

  A. ADCCON1   B. ADCCON2   C. ADCCON3   D. ADCCON4

3. 在 CC2530 单片机中，对于 APCFG 寄存器说法正确的是(　　)。

  A. 通过对 APCFG 的设置，可以确定 0 端口组中某个端口位是否使用模拟外设功能

  B. 当有"APCFG | =0x03"时，是单端输入

  C. 当有"APCFG& =0x03"时，是差分输入

  D. 以上都不对

4. 在 CC2530 单片机中，对于 ADC 控制寄存器说法正确的(　　)

  A. ADCCON1 不能表示转换状态

  B. ADCCON2 用于单端转换控制

  C. ADCCON3 用于序列转换控制

  D. "ADCCON3 | =0x0E"表示使用片内温度传感器

5. 在 CC2530 单片机中，如果采用单通道 A/D 转换，需要的操作说法正确的是(　　)。

  A. 可以不指定需要指定的参考电压

  B. 可以不指定需要指定的抽取率

  C. 可以不指定需要指定的输入口

  D. ADCCON3 一旦写入控制字，就会启动转换

6. 在 CC2530 单片机的 A/D 转换中，下列说法正确是(　　)。

  A. A/D 转换结果直接通过 DMA 传送到存储器，不需要 CPU 参与

  B. 单通道转换通过写 ADCCON2 触发

  C. 转换结果是存放在 1 个 16 位寄存器中

  D. 以上都不对

7. 热释电红外传感器共有（　　）个引脚

A. 1 B. 2 C. 3 D. 4

8. "APCFG｜=0x21"是把 P0 端口的（　　）配置为 A/D 转换器的模拟通道。

A. AIN2 和 AIN1 B. AIN5 和 AIN0 C. AIN3 和 AIN2 D. AIN4 和 AIN1

二、多选题

1. CC2530 单片机中，关于 A/D 转换说法正确的是（　　）。

A. P0 端口组可配置 8 路单端输入

B. P0 端口组可以配置 4 对差分输入

C. 片上温度传感器的输出不能作为 A/D 转换器的输入

D. TR0 寄存器用来连接片上温度传感器

2. 气敏传感器的主要参数有（　　）

A. 灵敏度 B. 选择性 C. 稳定性 D. 响应时间

3. CC2530 单片机 A/D 转换结果存放在（　　）寄存器中。

A. ADCCON1 B. ADCH C. ADCCON2 D. ADCL

4. CC2530 单片机的 ADCCON3 寄存器中包括（　　）的设置。

A. 转换时间 B. 参考电压 C. 抽取率 D. 通道号码

5. A/D 转换器的一个单次转换完成后，以下说法正确的是（　　）。

A. ADCIF 中断标志位置 1

B. ADCCON1 的 EOC 位置 1

C. 转换结果放在 ADCH 和 ADCL 中

D. 触发一个 DMA 请求

三、简答题

1. 什么是 A/D 转换器？

2. 请列出 A/D 转换模块的主要技术指标？

3. 简述 A/D 转换过程。

项目九

无线数据采集与控制——
CC2530 单片机无线通信应用

 项目描述

某水产养殖场需要进行智能化升级改造，考虑采用无线数据采集和控制系统来完成智能化升级改造任务。图 9-1 为该系统的应用场景，该系统可以采集水温、水位、温湿度、光照等传感器数据，然后根据采集的数据来自动控制加热灯和抽水泵。

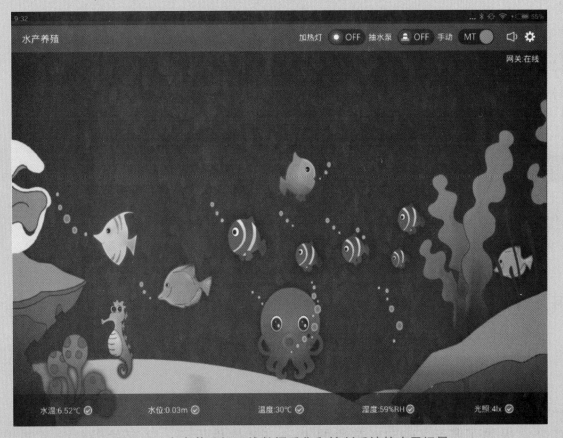

图 9-1 水产养殖场无线数据采集和控制系统的应用场景

学习目标

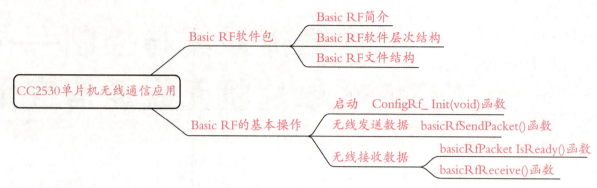

【知识目标】

1) 了解 Basic RF Layer 的工作机制。

2) 熟悉无线发送和接收函数。

3) 理解发送和接收地址、PAN_ID、RF_CHANNEL。

4) 熟悉 CC2530 单片机建立点对点的无线通信方法。

【技能目标】

能熟练应用 Basic RF 函数编写无线发送和接收数据程序，实现点对点无线数据采集和控制任务。

【素养目标】

1) 培养沟通交流及团队合作意识。

2) 养成规范操作的职业习惯。

3) 培养精益求精的工匠精神。

设备及材料准备

CC2530 单片机开发板 1 套，CC Debugger 仿真器 1 套，计算机 1 台。

相关知识

一、Basic RF 软件包

1. Basic RF 简介

TI 公司提供了基于 CC253X 芯片的 Basic RF 软件代码，这套代码包含了基于 IEEE 802.15.4 协议（简单无线点对点的传输协议）的标准数据包的发送和接收，采用了与 IEEE

802.15.4 MAC 层兼容的数据包结构及响应包（ACK）结构。Basic RF 不提供不同种的网络设备，如协调器、路由器等，所有节点设备处于同一级，只能实现点对点无线数据传输，不重传数据。

2. Basic RF 软件层次结构

Basic RF 软件由硬件层（Hardware Layer）、硬件抽象层（Hardware Abstraction Layer）、基本无线传输层（Basic RF Layer）和应用层（Application）组成，其软件结构如图 9-2 所示。

硬件层是实现数据传输的基础，处于最底层。硬件抽象层包含访问无线接收功能，以及开发板上的 TIMER、GPIO、UART、ADC、LCD、BUTTONS 等外设功能。基本无线传输层提供一种简单双向无线通信协议。应用层是用户编写代码的地方，可调用封装好的 Basic RF 和 HAL 函数，实现不同的应用。

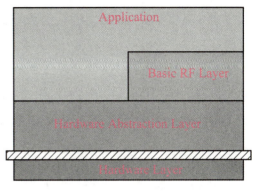

图 9-2 Basic RF 软件结构

3. Basic RF 文件结构

Basic RF 文件结构如图 9-3 所示。其中，app 文件夹用于存放用户的应用程序代码，basicrf 文件夹是 CC2530 单片机点对点无线通信配置函数库，board 文件夹为 CC2530 单片机开发板硬件配置函数库，sensor_drv 文件夹是各种传感器模块的函数库。

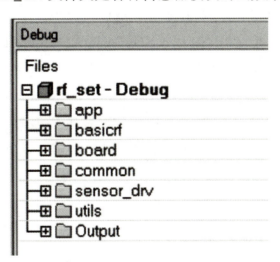

图 9-3 Basic RF 文件结构

二、Basic RF 的基本操作

Basic RF 操作包括启动、发送、接收 3 个环节。

1. 启动

启动过程包括：初始化开发板的硬件外设和配置 I/O 端口，设置无线通信的网络 ID、信道号、接收和发送的模块地址、安全加密等参数。

1) 创建结构体,名称为 basicRfCfg_t。在 basic_rf.h 文件上可以找到 basicRfCfg_t 数据结构的定义。代码如下:

```
typedef struct
{
    uint16 myAddr;          //本机地址,取值范围为 0x0000~0xffff,作为识别本模块的地址
    uint16 panId;           //网络 ID,取值范围为 0x0000~0xffff,要建立通信此参数必须一致
    uint8 channel;          //通信信道,取值范围为 11~26,要建立通信此参数必须一致
    uint8 ackRequest;       //应答信号
    #ifdef SECURITY_CCM     //是否加密,预定义时取消了加密
    uint8* securityKey;
    uint8* securityNonce;
    #endif
} basicRfCfg_t;
```

注意:两个通信模块的网络 ID(panId)和通信信道号(channel)要保持一致,然后再设置各模块的识别地址,即模块的地址或编号。

2) 调用 halBoardInit( ) 函数,对硬件外设和 I/O 端口进行初始化,void halBoardInit(void) 函数在 hal_board.c 文件中。

3) 调用 void ConfigRf_Init(void) 函数,完成以下三步操作。

第一步:为 basicRfCfg_t 型结构体变量 basicRfConfig 填写网络 ID(PAN_ID)、信道号(RF_CHANNEL)、本机模块地址(MY_ADDR)和发送目的地址(SEND_ADDR)等参数。

第二步:调用无线收发模块初始化函数 basicRfInit(&basicRfConfig),并调用其中的射频模块初始化函数 halRfInit( ),然后再设置网络 ID、信道号和本机模块地址等默认配置选项。

第三步:若两个无线收发模块初始化成功,则继续调用 basicRfReceiveOn( ) 函数,打开射频模块的无线接收功能。

代码如下:

```
/******点对点通信地址设置*******/
#define RF_CHANNEL          22          // 信道 11~26
#define PAN_ID              0x8888      //网络 ID
#define MY_ADDR             0xAC3A      //本机模块地址
#define SEND_ADDR           0x1015      //发送目的地址
/***********************************************/
static basicRfCfg_t basicRfConfig;
// 无线 RF 初始化
void ConfigRf_Init(void)
```

```
{
    basicRfConfig.panId      = PAN_ID;
    basicRfConfig.channel    = RF_CHANNEL;
    basicRfConfig.myAddr     = MY_ADDR;
    basicRfConfig.ackRequest = TRUE;
    while(basicRfInit(&basicRfConfig)==FAILED);
    basicRfReceiveOn();
}
```

2. 无线发送数据

无线发送数据包函数的格式如下：

```
basicRfSendPacket(uint16 destAddr,uint8* pPayload,uint8 length)
```

参数说明：

1）destAddr：发送的目标地址，实参是 LIGHT_ADDR，即接收模块的地址；

2）pPayload：指向发送缓冲区的地址，该地址的内容是将要发送的数据；

3）length：将要发送的数据长度，单位是字节数。

代码如下：

```
while(1)
{
    delay(500);
    int value=getadc();                              //获取光照传感器电压值
    if(value<25)
    {
        basicRfSendPacket(SEND_ADDR,"1",1);          //将字符串"1"发送到目的地址
        LED5=1;                                      //发送指示灯 LED5 亮
    }
    else
    {
        basicRfSendPacket(SEND_ADDR,"2",1);          //将字符串"2"发送到目的地址
        LED5=0;                                      //发送指示灯 LED5 灭
    }
}
```

3. 无线接收数据

通过调用 basicRfPacketIsReady( ) 函数来检查是否收到一个新的数据包。若有新数据，则调用 basicRfReceive( ) 函数。

(1) 检查是否收到数据包函数 basicRfPacketIsReady( )

调用 basicRfPacketIsReady( ) 函数来检查是否收到一个新数据包，若有新数据，则返回 TRUE。新数据包信息存放在 basicRfRxInfo_t 型结构体变量中。

(2) 无线接收数据包函数 basicRfReceive( )

函数格式如下：

```
uint8 basicRfReceive(uint8* pRxData,uint8 len,int16* pRssi)
```

参数说明：

1) pRxData 为数据接收缓冲区地址；

2) len 为接收数据的长度；

3) pRssi 为接收无线信号的强度值存放地址。

函数作用：将接收到的数据复制到数据接收缓冲区中，其函数返回值为实际接收到的数据的长度。

注意：Rssi 是 Received signal strength indication 的英文缩写，表示接收的无线信号强度指示，它与模块的发送功率以及天线的增益有关。

代码如下：

```
if(basicRfPacketIsReady())              //若返回值为TRUE,则表示已接收到新数据包
{
    basicRfReceive(pload,1,NULL);       //接收数据包
        //处理接收到的数据包
}
```

项目任务

任务一　双机无线通信

任务描述

1) 初始状态：乙机的 LED1 灭，LED2 亮；甲机的 LED1 和 LED2 全灭。

2) 甲机按下 SW1 键后，发送"1"给乙机，乙机接收到"1"后，LED1 亮，LED2 灭，同时发回"2"给甲机；甲机接收到"2"后，LED1 和 LED2 全亮。

任务分析

图 9-4 为双机点对点无线通信示意图。甲、乙双方需要在同一个网络中并且使用相同的

信道才能正确通信，因此双方的信道号（RF_CHANNEL）、网络号（PAN_ID）需一致。这里信道号设置为16，网络号设置为0x0a16，甲机地址为0x1111，乙机地址为0x2222。

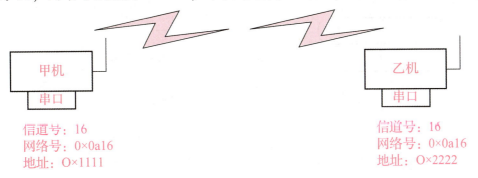

图9-4　双机点对点无线通信示意图

甲机按键被按下后，调用basicRfSendPacket()函数发送"1"给乙机。乙机调用basicRf-PacketIsReady()函数判断是否收到甲机发来的数据，如果收到，则调用basicRfReceive()函数接收该数据，将该数据存入数据接收缓冲区rbuf[ ]中，然后再检查接收到的数据是否为"1"，若为"1"，则乙机上对应的LED灯亮，然后调用basicRfSendPacket()函数发送"2"给甲机，甲机若接收到"2"，则甲机上对应的LED灯会被点亮。

任务实施

步骤1： 绘制主函数流程图。

1）发送端主函数流程图。

发送端主函数流程图如图9-5所示。

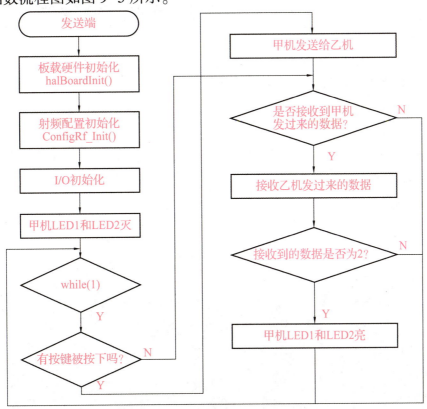

图9-5　发送端主函数流程图

2)接收端主函数流程图。

接收端主函数流程图如图9-6所示。

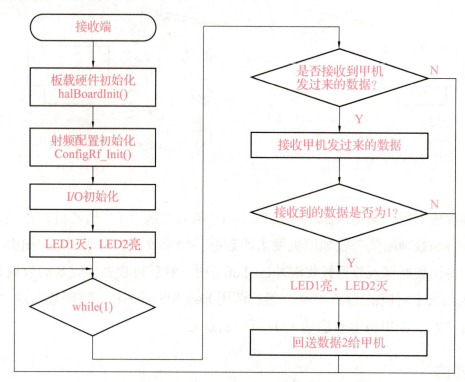

图9-6 接收端主函数流程图

步骤2：编写代码

参考代码如下：

```
/////////////////////////////////甲机(发送端)代码/////////////////////////////////
#include "hal_defs.h"
#include "hal_cc8051.h"
#include "hal_int.h"
#include "hal_mcu.h"
#include "hal_board.h"
#include "hal_led.h"
#include "hal_rf.h"
#include "basic_rf.h"
#include "hal_uart.h"
#include <stdio.h>
#include <string.h>
#include <stdarg.h>

#define LED1 P1_0
#define LED2 P1_1
#define SW1  P1_2
```

```c
/* * * * * 点对点通信地址设置* * * * * * */
#define RF_CHANNEL              16          // 频道 11~26
#define PAN_ID                  0x0a16      //网络 ID
#define MY_ADDR                 0x1111      //本机模块地址
#define SEND_ADDR               0x2222      //发送地址
/* * * * * * * * * * * * * * * * * * * * * * * * * * * * * * * * * * */
static basicRfCfg_t basicRfConfig;
// 无线 RF 初始化
void ConfigRf_Init(void)
{
    basicRfConfig.panId        =   PAN_ID;
    basicRfConfig.channel      =   RF_CHANNEL;
    basicRfConfig.myAddr       =   MY_ADDR;
    basicRfConfig.ackRequest   =   TRUE;
    while(basicRfInit(&basicRfConfig)==FAILED);
    basicRfReceiveOn();
}
/* * * * * * * * * * * * * * main* * * * * * * * * * * * * * * */
void main(void)
{
    unsigned char rbuf[1]="1";

    halBoardInit();
    ConfigRf_Init();

    P1SEL&=~0xff;
    P1DIR=0xfb;
    LED1=0;
    LED2=0;

    while(1)
    {
        if(SW1==0)
        {
            halMcuWaitMs(10);
            if(SW1==0)
            {
                while(!SW1);
```

```c
                    basicRfSendPacket(SEND_ADDR,"1",1);    //甲机发送数据1给乙机
            }
        }
        if(basicRfPacketIsReady())                          //是否接收到甲机发过来的数据?
        {
            basicRfReceive(rbuf,1,NULL);                    //开始接收乙机发过来的数据
        }
        if(rbuf[0]=='2')
        {
            LED1=1;
            LED2=1;
        }
    }
}
///////////////////////////////////////////////////////////////////////////////////
///////////////////////////////乙机(接收端)代码/////////////////////////////////////
#include "hal_defs.h"
#include "hal_cc8051.h"
#include "hal_int.h"
#include "hal_mcu.h"
#include "hal_board.h"
#include "hal_led.h"
#include "hal_rf.h"
#include "basic_rf.h"
#include "hal_uart.h"
#include <stdio.h>
#include <string.h>
#include <stdarg.h>

#define LED1 P1_0
#define LED2 P1_1
#define SW1 P1_2
/*****点对点通信地址设置******/
#define RF_CHANNEL              16          //频道11~26
#define PAN_ID                  0x0a16      //网络ID
#define MY_ADDR                 0x2222      //本机模块地址
#define SEND_ADDR               0x1111      //发送地址
```

```c
/* * * * * * * * * * * * * * * * * * * * * * * * * * * * * * * * * * * */
static basicRfCfg_t basicRfConfig;

// 无线 RF 初始化
void ConfigRf_Init(void)
{
    basicRfConfig.panId       =  PAN_ID;
    basicRfConfig.channel     =  RF_CHANNEL;
    basicRfConfig.myAddr      =  MY_ADDR;
    basicRfConfig.ackRequest  =  TRUE;
    while(basicRfInit(&basicRfConfig)==FAILED);
    basicRfReceiveOn();
}
/* * * * * * * * * * * * * * * main* * * * * * * * * * * * * * * * * */
void main(void)
{
    unsigned char rbuf[1];
    halBoardInit();                         //不得在此函数内添加代码
    ConfigRf_Init();                        //不得在此函数内添加代码

    P1SEL&=~0xff;
    P1DIR=0xfb;
    LED1=0;
    LED2=1;

    while(1)
    {
        halMcuWaitMs(1);
        if(basicRfPacketIsReady())          //是否接收到甲机发过来的数据?
        {
            basicRfReceive(rbuf,1,NULL);    //开始接收甲机发过来的数据
        }
        if(rbuf[0]=='1')
        {
            LED1=1;
            LED2=0;
            basicRfSendPacket(SEND_ADDR,"2",1);
        }
```

```
    }

}
/////////////////////////////////////////////////////////////////////////
```

步骤 3：下载并调试程序，请自行完成。

任务描述

甲机负责采集光照数据，当光照值小于 50 时（可用手遮盖光照传感器），发送光照不足信息（0x01）；当光照充足时，发送 0x00。乙机若接收到甲机发过来的光照不足信号，则会启动 4 个 LED 灯（LED3、LED4、LED5、LED6）轮流点亮（跑马灯效果）；若光照充足，则 4 个 LED 灯全部熄灭。

任务实施

步骤 1：绘制程序流程图。

1）发送端主函数流程图。

发送端主函数流程图如图 9-7 所示。

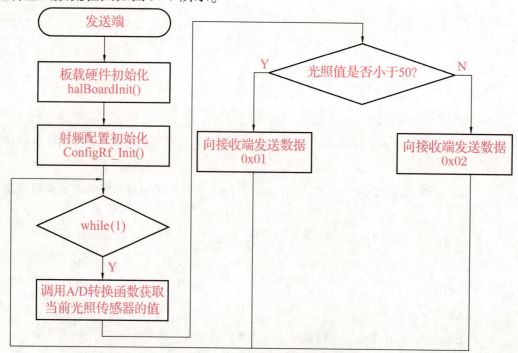

图 9-7 发送端主函数流程图

2）接收端主函数流程图。

接收端主函数流程图如图 9-8 所示。

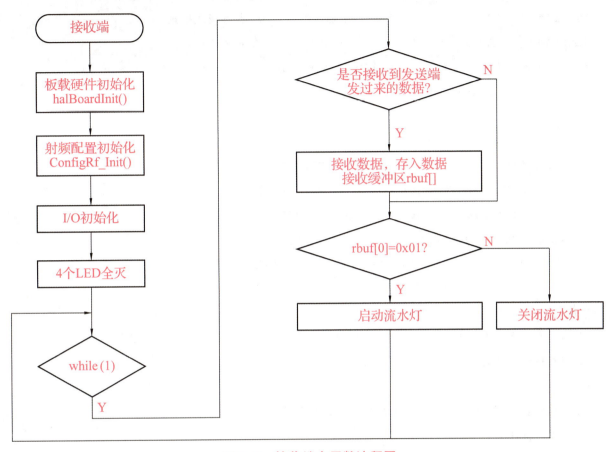

图 9-8　接收端主函数流程图

步骤 2：编写代码。

```
/////////////////////////////发送端代码/////////////////////////////
#include "hal_defs.h"
#include "hal_cc8051.h"
#include "hal_int.h"
#include "hal_mcu.h"
#include "hal_board.h"
#include "hal_led.h"
#include "hal_rf.h"
#include "basic_rf.h"
#include "hal_uart.h"
#include "sensor_drv/sensor.h"
#include <stdio.h>
#include <string.h>
#include <stdarg.h>
/******点对点通信地址设置******/
```

```c
#define RF_CHANNEL              22          //频道 11~26
#define PAN_ID                  0x8888      //网络 ID
#define MY_ADDR                 0x1015      //本机模块地址
#define SEND_ADDR               0xAC3A      //发送地址
/*************无线 RF 初始化函数****************/
static basicRfCfg_t basicRfConfig;
void ConfigRf_Init(void)
{
    basicRfConfig.panId         =   PAN_ID;
    basicRfConfig.channel       =   RF_CHANNEL;
    basicRfConfig.myAddr        =   MY_ADDR;
    basicRfConfig.ackRequest    =   TRUE;
    while(basicRfInit(&basicRfConfig)==FAILED);
    basicRfReceiveOn();
}
/*****************主函数******************/
void main(void)
{
    unsigned char flag=0,buf[10],rbuf[10];
    uint16 ad;
    halBoardInit();
    ConfigRf_Init();
    while(1)
    {
        ad=get_guangdian_ad();
        if(ad<50)
        {
            buf[0]=0x01;
            basicRfSendPacket(SEND_ADDR,buf,1);
        }
        else
        {
            buf[0]=0x02;
            basicRfSendPacket(SEND_ADDR,buf,1);
        }
    }
}
//////////////////////////////////////////////////////////////////////////
```

////////////////////////////////接收端代码//////////////////////////////////
```c
#include "hal_defs.h"
#include "hal_cc8051.h"
#include "hal_int.h"
#include "hal_mcu.h"
#include "hal_board.h"
#include "hal_led.h"
#include "hal_rf.h"
#include "basic_rf.h"
#include "hal_uart.h"
#include "sensor_drv/sensor.h"
#include <stdio.h>
#include <string.h>
#include <stdarg.h>
/* * * * * * * * * * * * * * 点对点通信地址设置 * * * * * * * * * * * * * * * /
#define RF_CHANNEL 22              // 频道 11~26
#define PAN_ID 0x8888              //网络 ID
#define MY_ADDR 0xAC3A             //本机模块地址
#define SEND_ADDR 0x1015           //发送地址
#define LED3 P1_0
#define LED4 P1_1
#define LED5 P1_3
#define LED6 P1_4
/* * * * * * * * * * * * * * 无线 RF 初始化函数 * * * * * * * * * * * * * * * * /
static basicRfCfg_t basicRfConfig;
void ConfigRf_Init(void)
{
    basicRfConfig.panId            =  PAN_ID;
    basicRfConfig.channel          =  RF_CHANNEL;
    basicRfConfig.myAddr           =  MY_ADDR;
    basicRfConfig.ackRequest       =  TRUE;
    while(basicRfInit(&basicRfConfig)==FAILED);
    basicRfReceiveOn();
}
/* * * * * * * * * * * * * * 延时函数 * * * * * * * * * * * * * * * * /
void delay(unsigned int time)
{
    unsigned int i;
```

```c
    unsigned char j;
    for(i=0;i < time;i++)
    {
        for(j=0;j < 240;j++)
        {
            asm("NOP");                    //asm是内嵌汇编,NOP是空操作,执行一个指令周期
            asm("NOP");
            asm("NOP");
        }
    }
}
/* * * * * * * * * * * * * * * * * 主函数 * * * * * * * * * * * * * * * * */
void main(void)
{
    unsigned char flag=0,buf[10],rbuf[10];
    uint16 ad;
    halBoardInit();                    //硬件描述层初始化函数
    ConfigRf_Init();                   //无线射频配置初始化函数
    P1SEL&=~0x1b;
    P1DIR|=0x1b;                       //将P1.0、P1.1、P1.3和P1.4配置为输出端口
    LED3=0;LED4=0;LED5=0;LED6=0;
    while(1)
    {
        if(basicRfPacketIsReady())     //是否接收到甲机发过来的数据?
        {
            basicRfReceive(rbuf,10,NULL);  //开始接收甲机发过来的数据
        }
        if(rbuf[0]==0x01)              //若光线不足,启动跑马灯
        {
            flag++;
        }
        else                           //光线充足,关闭跑马灯
        {
            flag=0;
        }
        switch(flag)
        {
            case 0:
```

```
            {
                LED3=0;LED4=0;LED5=0;LED6=0;
                delay(8000);
                break;
            }
            case 1:
            {
                LED3=1;LED4=0;LED5=0;LED6=0;
                delay(8000);
                break;
            }
            case 2:
            {
                LED3=0;LED4=1;LED5=0;LED6=0;
                delay(8000);
                break;
            }
            case 3:
            {
                LED3=0;LED4=0;LED5=1;LED6=0;
                delay(8000);
                break;
            }
            case 4:
            {
                LED3=0;LED4=0;LED5=0;LED6=1;
                delay(8000);
                flag=1;
                break;
            }
        }
    }
}
////////////////////////////////////////////////////////////////////////
```

步骤3：下载并调试程序，请自行完成。

拓展任务

上位机通过串口助手软件 SSCOM32 发送指令给甲机，若发送"10#"，则表示第 1 个 LED 灯关闭；若发送"21#"，则表示第 2 个 LED 灯亮。将上述指令由甲机采用点对点无线通信转发给乙机，则乙机开发板上对应的 LED 灯被点亮。完成表 9-1。

表 9-1　双机无线通信的程序

程序流程图	C 语言源程序	程序注释

项目小结

本项目主要介绍了 Basic RF 软件包的基本结构和 Basic RF 的基本操作，CC2530 单片机无线点对点通信的工作过程，以及如下几个函数的应用。

1）halBoardInit( )：板载硬件初始化函数。

2）ConfigRf_ Init( )：射频配置初始化函数。

①basicRfInit( )：无线收发模块初始化函数。

②basicRfReceiveOn( )：打开射频模块的无线接收功能函数。

3）basicRfSendPacket（uint16 destAddr，uint8 * pPayload，uint8 length）：无线发送数据包函数。

4）basicRfPacketIsReady( )：检查是否收到数据包函数。

5）basicRfReceive（uint8 * pRxData，uint8 len，int16 * pRssi）：无线接收数据包函数。

项目评价

对本项目学习效果进行评价，完成表 9-2。

表 9-2　项目评价反馈表

评价内容	分值	自我评价	小组评价	教师评价	综合	备注
任务一	20					
任务二	30					

续表

评价内容	分值	自我评价	小组评价	教师评价	综合	备注
拓展任务	30					
职业素养	20					
合计	100					
取得成功之处						
有待改进之处						
经验教训						

习 题

一、单选题

1. 以下哪个函数是 Basic RF 中的数据接收函数(　　)?

A. basicRfInit( )   B. basicRfReceiveOn( )

C. basicRfReceive( )   D. basicRfSendPacket( )

2. 以下哪个函数是 Basic RF 中的数据发送函数(　　)?

A. basicRfInit( )   B. basicRfReceiveOn( )

C. basicRfReceive( )   D. basicRfSendPacket( )

3. 以下哪个函数是 Basic RF 中的无线射频初始化函数(　　)?

A. basicRfInit( )   B. basicRfReceiveOn( )

C. basicRfReceive( )   D. basicRfSendPacket( )

4. 以下哪个函数是检查是否收到数据包函数(　　)?

A. basicRfInit( )   B. basicRfPacketIsReady( )

C. basicRfReceive( )   D. basicRfSendPacket( )

二、多选题

1. 以下函数中与无线接收有关的函数是(　　)

A. basicRfInit( )   B. basicRfReceiveOn( )

C. basicRfReceive( )   D. basicRfSendPacket( )

2. 以下函数中与无线发送有关的函数是(　　)

A. basicRfInit( )   B. basicRfReceiveOn( )

C. basicRfReceive( )   D. basicRfSendPacket( )

三、简答题

1. 简述 Basic RF 的软件结构。

2. 简述 Basic RF 的无线收发的基本操作。

参考文献

[1] 王国明．单片机应用与调试（C语言版）[M]．北京：机械工业出版社，2013．
[2] 杨瑞，董昌春．CC2530单片机技术及应用[M]．北京：机械工业出版社，2020．
[3] 谢金龙，黄权，彭红建．CC2530单片机技术及应用[M]．北京：人民邮电出版社，2018．